T0156155

BestMasters

Mit „BestMasters" zeichnet Springer die besten Masterarbeiten aus, die an renommierten Hochschulen in Deutschland, Österreich und der Schweiz entstanden sind. Die mit Höchstnote ausgezeichneten Arbeiten wurden durch Gutachter zur Veröffentlichung empfohlen und behandeln aktuelle Themen aus unterschiedlichen Fachgebieten der Naturwissenschaften, Psychologie, Technik und Wirtschaftswissenschaften.

Die Reihe wendet sich an Praktiker und Wissenschaftler gleichermaßen und soll insbesondere auch Nachwuchswissenschaftlern Orientierung geben.

Jessica Bossems

Farbpräferenzen bei Stachellosen Bienen und Hummeln

Analyse unter Berücksichtigung einzelner Farbparameter

Mit einem Geleitwort von Prof. Dr. Klaus Lunau

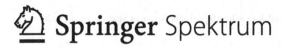

Springer Spektrum

Jessica Bossems
Biologie-Institut für Sinnesökologie
Heinrich-Heine-Universität Düsseldorf
Düsseldorf, Deutschland

OnlinePLUS Material zu diesem Buch finden Sie auf
http://www.springer-spektrum.de/978-3-658-09798-1

BestMasters
ISBN 978-3-658-09798-1   ISBN 978-3-658-09799-8 (eBook)
DOI 10.1007/978-3-658-09799-8

Die Deutsche Nationalbibliothek verzeichnet diese Publikation in der Deutschen Nationalbi-
bliografie; detaillierte bibliografische Daten sind im Internet über http://dnb.d-nb.de abrufbar.

Springer Spektrum

Gedruckt auf säurefreiem und chlorfrei gebleichtem Papier

Springer Fachmedien Wiesbaden ist Teil der Fachverlagsgruppe Springer Science+Business Media
(www.springer.com)

Die Wissenschaft nötigt uns, den Glauben an einfache Kausalitäten aufzugeben.

(Friedrich Nietzsche)

Die Wissenschaft nötigt uns, den Glauben an
einfache Kausalitäten aufzugeben.

(Friedrich Nietzsche)

Geleitwort

Jeden dritten Bissen unserer Nahrung verdanken wir einer Bestäubungsleistung durch Tiere. Bienen sind weltweit die wichtigsten Bestäuber und werden längst durch Bestäubungsmanagement gezielt für die Blütenbestäubung vieler Nahrungspflanzen eingesetzt. Dabei spielen neben der Honigbiene zunehmend Wildbienen eine entscheidende Rolle, etwa Hummeln bei der Tomatenbestäubung im Gewächshaus, Mauerbienen im Luzerneanbau und im Apfelanbau. Wichtige Voraussetzungen für den gezielten Einsatz von Wildbienen als Blütenbestäuber ist die Kenntnis ihrer Blütenpräferenzen und ihrer Bestäubungseffektivität. So beginnt der erste Schritt einer erfolgreichen Bestäubung damit, dass die Biene eine Blüte als solche identifizieren kann und motiviert wird diese Blüte zu besuchen. Eines der wichtigsten Locksignale einer Blüte besteht in ihrer Blütenfärbung.

Hier setzt die Masterarbeit von Jessica Bossems an, indem sie ein völlig neues Testverfahren zum Prüfen spontaner Farbpräferenzen von Bienen entwickelt und erfolgreich im Freiland an Stachellosen Bienen in Brasilien und unter Laborbedingungen an Hummeln in Deutschland getestet hat. Das Testverfahren beruht auf der Erzeugung von Farbreizen aus der Mischung von weißen, grauen, schwarzen und farbigen Pigmenten in Pulverform und erlaubt erstmals eine weitgehend unabhängige Variation der bienensubjektiven Farbintensität (Helligkeit), der Farbreinheit (Farbsättigung) und der vorherrschenden Wellenlänge (Farbton). Das Farbensehen von Bienen unterscheidet sich von dem des Menschen dadurch, dass Bienen ultraviolettes Licht sehen können, dagegen aber für rotes Licht nur wenig empfindlich sind; entsprechend komplex ist die Herstellung bienensubjektiver Farbreize für die Wahlversuche. Zudem nutzen Bienen ihren Farbensinn erst dann, wenn sie sich den Blüten bereits genähert haben; ansonsten analysieren Bienen lediglich den Grünkontrast ihres Blickfeldes, vergleichbar etwa dem Dämmerungssehen des Menschen. Die Kommunikation von Stachellosen Bienen und Hummeln über Nahrungsquellen erschwert zusätzlich die Versuchsplanung, die darauf angelegt ist unabhängige Wahlentscheidungen einzelner Bienen zu erfassen. Frau Bossems hat diese Herausforderungen in überzeugender Weise gemeistert. Ihre Ergebnisse zeigen einen deutlichen, so nicht vermuteten Einfluss der Farbintensität auf die Präferenz und unterschiedliche Präferenzen für die Farbattribute Farbreinheit, Farbintensität und vorherrschende Wellenlänge bei den drei getesteten Arten.

Jessica Bossems legte eine hervorragende Masterarbeit vor, bei der von der selbständigen Durchführung, Einarbeitung in die Problematik, Diskussion und Einordnung der Ergebnisse bis hin zur sprachlichen und formalen Gestaltung alles stimmt. Die Arbeit wurde mit der Note sehr gut (1,0) bewertet.

Prof. Dr. Klaus Lunau

Das Institut für Sinnesökologie der HHU Düsseldorf

Sinnesökologie verbindet Forschung an Sinnesleistungen von Organismen mit deren Verhalten in einem ökologischen Kontext. Sinnesökologie stellt eine stark integrierende Forschung dar, die die physikalischen Bedingungen der Umwelt, die individuellen Lebensbedingungen der untersuchten Organismen, ihr Verhalten und ihre Interaktionen mit anderen Organismen und ihrer Umwelt einbeziehen. Das Institut für Sinnesökologie an der Heinrich-Heine-Universität Düsseldorf arbeitet vorwiegend an bestäubungsbiologischen Fragen mit dem Schwerpunkt der Detektion von Pollen durch blütenbesuchende Insekten, am Farbensehen und an den Farbpräferenzen blütenbesuchender Tiere mit dem Schwerpunkt auf angeborenen Farbpräferenzen von Bienen und Schwebfliegen sowie an verschiedenen Mimikrysystemen, vor allem Staubgefäß- und Pollenmimikry bei Blütenpflanzen sowie Augenmimikry bei Schmetterlingen und Vögeln. Die Arbeiten zur Bestäubungsbiologie im Institut für Sinnesökologie stellen den Blütenpollen in den Mittelpunkt. Pollen stellt sowohl den Vektor in der sexuellen Reproduktion von Blütenpflanzen dar als auch die Blütenbelohnung für Pollen fressende Insekten wie den Schwebfliegen und für Pollen sammelnde Insekten wie den Bienen. Da die Blüten der ursprünglichen Angiospermen keinen auffälligen Schauapparat besaßen, war der gelbe Pollen vermutlich das Locksignal der ersten von Insekten bestäubten Blüten überhaupt. Die gelbe Pollenfarbe wurde durch Flavonoide erzeugt, die als Schutzpigmente den Pollen gegenüber UV-Strahlung abschirmten. Die Blüten zahlreicher rezenter Blütenpflanzen besitzen mehr als 100 Millionen Jahre später immer noch gelbe und UV-absorbierende Pollenkörner und Antheren, die attraktiv auf Pollen fressende Blütenbesucher wirken. Aber auch viele Blüten verbergen ihre Antheren zum Schutz des Pollens in der Kronröhre und locken durch Pollen imitierende Blütenmale Bestäuber an. Blütenpflanzen mit auffälligen Antheren und Pollen, Blütenpflanzen mit Pollen- und Staubgefäßmimikry und Pollen fressende oder sammelnde Blütenbesucher bilden zusammen das wohl artenreichste Mimikrysystem der Welt. Unsere Forschung beschäftigt sich mit der angeborenen Erkennung von optischen Pollensignalen bei Schwebfliegen und Bienen sowie mit optischen, taktilen und chemischen Pollensignalen, die das Pollensammeln bei Honigbienen und Hummeln steuern. Es ist uns gelungen mit Pollen statt Zuckerwasser belohnende Blütenattrappen für Laborversuche zu entwickeln, mit denen wir nachweisen konnten, dass Hummeln den

Pollen von Malven auf Grund seiner Stacheln nicht sammeln können und dass Hummeln sogar chemisch inerte Pollenersatzstoffe wie Glaspulver oder Cellulosepulver sammeln. Die Pollenübertragung von Blüte zu Blüte auf sogenannten safe sites, Stellen auf dem Körper, die von den bestäubenden Bienen nicht geputzt werden können, sowie südafrikanische Streifenmäuse und Elefantenspringrüssler als außergewöhnliche Bestäuber stellen weitere Forschungsfelder dar. In Südamerika untersuchen wir von Kolibris bestäubte Blüten, die für Bienen wenig attraktive Blütenfarben entwickeln und dadurch Bienen als Nektarräuber und Pollendiebe fern halten. Die Imitationen von Augen, die sogenannten Augenflecken oder Ocellen, kommen unter anderem bei Schmetterlingen, Fischen und Vögeln vor. Eine besondere Eigenschaft der Augenflecke ist die Imitation eines Bereiches mit Totalreflexion des Lichtes – der Glanzfleck. Es war unbekannt, ob die Ähnlichkeit der Augenflecke mit natürlichen Wirbeltieraugen oder die bloße Auffälligkeit des kontrastreichen Farbmusters den Abschreckungseffekt verursacht. Unsere Studien konzentrieren sich auf eine experimentelle Überprüfung der Augenmimikry-Hypothese durch den Einsatz von Augenflecken, die sich in der Augenähnlichkeit, nicht aber in der Auffälligkeit unterscheiden; dazu nutzen wir erfolgreich richtig und falsch platzierte Glanzflecke in den Augenflecken. In anderen Projekten untersuchen wir die Funktion der sogenannten Augenflecke in der Balz von Hähnen der Pfaufasane und des Argusfasans, um die Hypothese zu prüfen, dass die Augenflecke in diesen Fällen Futterobjekte – Samen oder Früchte – imitieren, wobei der Glanzfleck dazu beiträgt die imitierten Futterobjekt den Henne plastisch erscheinen zu lassen. Das Institut für Sinnesökologie beteiligt sich intensiv an der Ausbildung von Bachelor- und Masterstudenten an der Heinrich-Heine-Universität Düsseldorf in den Bereichen Ökologie, Sinnesphysiologie und Organismische Interaktionen. Regelmäßig führen wir Studenten auf blütenbiologischen Exkursionen in die Graubündener Alpen und nach Kreta.

Kontakt:

Prof. Dr. Klaus Lunau
Institut für Sinnesökologie – Department Biologie
Heinrich-Heine Universität Düsseldorf
Universitätsstr. 1
40225 Düsseldorf
URL: http://www.biologie.uni-duesseldorf.de/Institute/Sinnesoekologie

Für

   Klaus Lunau

     Sarah Papiorek & Mathias Hoffmeister

      Gabriel Augusto Rodrigues de Melo, Laércio Neto & Júlia Henke

       meine Familie

Glaubt man Johann Wolfgang von Goethe,
so lässt sich wahrhafte Dankbarkeit mit Worten nicht ausdrücken.

Folglich bleibt diese Seite leer.

Inhaltsverzeichnis

Zusammenfassung

Corbiculate Bienen gehören zu den wichtigsten Bestäubern angiospermer Pflanzen, für deren Reproduktionserfolg es essentiell ist, dass ein potentieller Bestäuber eine Blüte erkennt, attraktiv findet und wiederholt besucht. Insbesondere visuelle Signale, wie die Blütenfarbe, sind bedeutend für diesen Erkennungsprozess. Seit Jahren wird versucht, die genauen Mechanismen der Farbpräferenzen aufzuklären und herauszufinden, wie Blütenfarben von Bienen wahrgenommen und bewertet werden. Die Ergebnisse dieser Studien zeigen keine einheitlichen Tendenzen. Einige Autoren identifizieren die vorherrschende Wellenlänge einer Farbe als Parameter, der die Farbpräferenz determiniert, und weisen Bienen eine Farbpräferenz für blaue und gelbe Blüten nach. Andere Autoren nehmen an, dass die spektrale Reinheit und der Farbkontrast die Blütenwahl beeinflusst.

In der vorliegenden Arbeit werden weitere Untersuchungen zur Determinierung von Farbpräferenzen durch einzelne Farbparameter vorgestellt. Es wurde der Einfluss der Farbparameter vorherrschende Wellenlänge, Farbreinheit und Farbintensität auf die Farbpräferenzen von insgesamt drei Bienenarten untersucht. Als Modellbienen dienten blüten-naive Arbeiterinnen von *Bombus terrestris*, die unter Laborbedingungen untersucht wurden.

Zudem wurden die Farbpräferenzen von zwei in den Tropen ökologisch bedeutenden Stachellosen Bienenarten getestet. Dabei handelte es sich um erfahrene Sammlerinnen der Arten *Melipona quadrifasciata* und *Melipona mondury*, die beide unter Freilandbedingungen getestet wurden. Während viele bisherige Studien die anatomische und neuronale Ausstattung des visuellen Systems der Biene berücksichtigen und somit auf der physiologischen oder gar auf der psychologischen Ebene von Farbe arbeiten, wurde in dieser Arbeit ein Ansatz gewählt, der es ermöglichen soll, Farbe auf einer möglichst objektiven Ebene, der physikalischen Ebene, zu untersuchen. So wurden die untersuchten Farbparameter anhand der Reflexionsspektren verschiedener Farbstimuli ausgewählt und mittels Berechnungen, die sich an den gewählten Reflexionsspektren orientieren, quantifiziert. Ein weiterer Aspekt, der in der vorliegenden Arbeit berücksichtigt wurde, war die Herstellung von Farbstimuli bei denen lediglich ein einzelner Farbparameter unabhängig von den beiden anderen Farbparametern variiert wird. Erreicht wurde dies durch den Einsatz farbiger Pigmente in Pulverform, die mit achromatischen Pigmenten

(Weiß, Schwarz und Grau) vermischt und zu kreisförmigen Blütenattrappen gepresst wurden. Durch die Beimischung der achromatischen Pigmente konnten die Parameter Farbreinheit und/oder Farbintensität beliebig modifiziert werden. Eine Änderung des farbigen Pigments bewirkte eine Änderung in der vorherrschenden Wellenlänge.

Zur Untersuchung des Einflusses der Parameter Farbreinheit und Farbintensität wurden insgesamt vier Versuchslinien generiert. Eine Versuchslinie bestand aus vier Farbstimuli, die sich in der Kombination der Parameter Farbintensität und Farbreinheit unterschieden, aber eine konstante vorherrschende Wellenlänge aufwiesen. Folgende Kombinationsmöglichkeiten wurden gewählt: 1. Hohe Farbintensität und hohe Farbreinheit, 2. Mittlere Farbintensität und hohe Farbreinheit, 3. Niedrige Farbintensität und mittlere Farbreinheit sowie 4. Mittlere Farbintensität und niedrige Farbreinheit. Für die erste Versuchslinie wurde ein himmelblaues Pigment zur Definition der vorherrschenden Wellenlänge gewählt, in der zweiten Versuchslinie ein ultramarinblaues Pigment und in der dritten Versuchslinie wurde ein gelbes Pigment verwendet. In der vierten Versuchslinie wurden zwei UV-reflektierende und zwei UV-absorbierende weiße Stimuli verwendet. Der Einfluss der vorherrschenden Wellenlänge wurde in einer fünften Versuchslinie, die ebenfalls aus vier Farbstimuli bestand, getestet. Sie umfasste einen himmelblauen, einen ultramarinblauen, einen gelben und einen weißen Stimulus.

Die getesteten Arbeiterinnen der beiden Stachellosen Bienenarten zeigten teils sehr stark ausgeprägte Farbpräferenzen, wohingegen die getesteten *Bombus*-Arbeiterinnen keine bis schwach ausgeprägte Farbpräferenzen zeigten. Für alle getesteten Arten gilt aber, dass kein linearer Zusammenhang zwischen der Ausprägung eines einzelnen Farbparameters und dem gezeigten Präferenzmuster existiert. Vielmehr scheint es einen komplexen Zusammenhang zwischen den Parametern Farbintensität und Farbreinheit zu geben, der das Wahlverhalten der Bienen beeinflusst. Während die Bewertung der Farbintensität und Farbreinheit insbesondere zwischen den beiden getesteten *Melipona*-Arten homogen zu sein scheint, zeigen die getesteten Arten große Unterschiede in der Bewertung von UV-reflektierenden und UV-absorbierenden Farbstimuli sowie in der Bewertung der vorherrschenden Wellenlänge.

Es wird diskutiert, wie der durch die gezeigten Präferenzmuster indizierte Zusammenhang zwischen den beiden Parameter Farbreinheit und Farbintensität aussehen könnte, ob die Nutzung eines Farbsehmodells der Biene die gezeigten Präferenzen erklären kann und inwieweit die gezeigten Präferenzen durch ökologische Faktoren, wie beispielsweise Erfahrung, Nutzung unterschiedlicher Fouragierstrategien oder klimatische Bedingungen, beeinflusst werden können. Abschließend werden die gezeigten Präferenzen im Kontext ehrlicher Blütensignale diskutiert.

Abstract

Corbiculate bees are important pollinators of angiosperms. Visual cues, such as floral colour, are crucial factors for flowers to be detectable and attractive to potential pollinators like bees. The precise mechanisms of colour preferences as well as the perception and evaluation of colours by the bee have been studied for years. But scientists did not find clear results. Some researchers identified peak wavelength as colour preference determining factor and demonstrated preferences for blue and yellow colours. Other assumed that spectral purity and colour contrast influence the colour choice of bees.

This thesis deals with further studies about colour preferences determining colour parameters and the influence of particular colour parameters on bees colour choice behaviour. The influence of three parameters, namely colour intensity, colour purity and peak wavelength, was tested in three bee species. The first species *Bombus terrestris* acts like a kind of model organism. The colour preferences of flower-naïve worker bees were tested under laboratory conditions.

The other two species are stingless bees (*Melipona quadrifasciata* and *Melipona mondury*) and are important pollinators in the tropics. The colour preferences of experienced worker bees were studied under outdoor conditions. Many previous studies took into account the anatomical and neuronal features of the visual system of bees thus worked on the physiological or even psychological level of colour vision. For this work we chose an alternative approach which enabled us to study colour in a more objective way at the level of physical characterization of colour. The selection of colour parameters, which were studied, based on the reflection spectra of colour stimuli and the quantification of the selected colour stimuli based on calculations. Another aspect of this work was the production of coloured stimuli in which only one colour parameter was varied independently of the other colour parameters. We did so by mixing one coloured powdery pigment with achromatic pigments (white, black and grey) and pressing the powdery mixtures into circular flower dummies. By mixing one coloured pigment with different amounts of achromatic pigments we were enabled to vary colour purity and/or colour intensity. A change of the coloured pigment resulted in a change of peak wavelength.

We designed four experimental set ups to study the influence of the parameter colour purity and colour intensity. Every set up contained four coloured
stimuli which differed in the combination of colour purity and colour intensity
levels, but were constant in their peak wavelength. We selected following
combinations: 1. High colour intensity and high colour purity, 2. Middle colour
intensity and high colour purity, 3. Low colour intensity and middle colour
purity and 4. Middle colour intensity and low colour purity. For the first set up
we applied a sky blue pigment to define the peak wavelength of this set up;
in the second set up we applied an ultramarine blue pigment and in the third
set up a yellow one. The fourth set up contained two ultraviolet reflecting and
two ultraviolet absorbing white pigments. The influence of peak wavelength
on the colour preferences was tested in a fifth set up which contained four
coloured stimuli (a sky blue one, an ultramarine blue one, a yellow one and
a white one).

While the tested worker bees of both stingless bee species showed strong
colour preferences in part, the bumblebee workers showed none or merely
weak colour preferences. But one result applied for all tested bee species:
we found no linear correlation between the level of a single colour parameter
and the shown colour preferences. Instead the combination of colour intensity and colour purity seems to determine the colour preferences in a complex
interplay. While the evaluation of colour intensity and colour purity seems to
be constant, especially in the tested stingless bee species, we found strong
distinctions in the evaluation of the UV-absorbing and UV-reflecting stimuli
as well as in the evaluation of stimuli with different peak wavelengths between the three bee species.

We discussed the function of the hypothetical interplay between colour purity
and colour intensity which is indicated by the shown colour preferences.
Moreover we examined whether the application of a well-known colour vision
model for bees might explain some of the results. Even the influence of eco-
logical factors such as foraging experience, different foraging strategies or
climatic conditions has been discussed. Finally we considered the shown colour preferences in terms of honest flower signals.

1. Einleitung

Die Mitglieder der Familie der Bienen (Apoidea), insbesondere die Gruppe der corbiculaten Bienen (Apini, Meliponini, Bombini und Euglossini) gehören zu den wichtigsten Bestäubern angiospermer Pflanzen (Batra 1995; Potts et al 2010). Für die Bestäubung der Pflanzen ist es essentiell, dass ein potentieller Bestäuber, z.B. eine Biene, eine Blüte erkennt, diese attraktiv findet und besucht. Für diesen Erkennungsprozess nutzt die Biene multimodale Hinweise („cues") der Blüte (Chittka & Raine 2006). Insbesondere visuelle und olfaktorische Hinweise spielen bei der Auffindung und dem Besuch von Blüten eine entscheidende Rolle (Giurfa & Lehrer 2001; Horridge 2005; Chittka & Raine 2006; Raguso 2008). Zu den visuellen Signalen gehört neben Form, Muster und Größe der Blüte selbstverständlich auch die Farbe einer Blüte, die das Fouragierverhalten eines potentiellen Bestäubers besonders stark zu beeinflussen scheint (von Frisch 1967; Spaethe et al 2001). Bei der Untersuchung der Beziehung zwischen der Farbe einer Blüte und dem Verhalten des potentiellen Bestäubers auf dieses Signal gilt es verschiedene Aspekte zu berücksichtigen. Grundlegend muss festgehalten werden, dass es sich bei Bestäubungssystemen um mutualistische Systeme handelt, in denen Kosten-Nutzen-Konflikte zwischen Bestäuber und bestäubter Blüte entstehen (Kearns et al 1998; Mitchell et al 2009; Landry 2012). Da insbesondere soziale Bienen, wie die Dunkle Erdhummel *Bombus terrestris* und die Westliche Honigbiene *Apis mellifera,* als wichtige Bestäuber auftreten und ihre Fouragierstrategien einen starken Selektionsdruck auf die Pflanzen ausüben, ist es essentiell für die Pflanze, ihre Blütensignale zu optimieren und visuelle Signale an das optische System des Bestäubers anzupassen (Chittka 1996; Chittka & Raine 2006; Dyer et al 2012). Wichtig ist also auch, Kenntnisse über das optische System des potentiellen Bestäubers zu berücksichtigen. Dabei müssen sowohl physiologische Aspekte, wie Rezeptorausstattung (Menzel & Blackers 1976; Peitsch et al 1992) und neuronale Verarbeitung von Farbe (z.B. Srinivasan & Lehrer 1984, 1985; Giurfa et al 1995, 1996, 1997; Dyer et al 2011), als auch verhaltensbiologische Aspekte, wie der Einfluss von angeborenen und erlernten Farbpräferenzen auf das Fouragierverhalten von Bienen, berücksichtigt werden (z.B. Giurfa et al 1995; Lunau 1990; Lunau & Maier 1995; Lunau et al 1996; Hill et al 1997; Giurfa 2004; Horridge 2007; Papiorek et al 2013; Rhode et al 2013). Die Untersuchung von Farbpräferenzen bei Bienen beschäftigt die Wissenschaft schon seit vielen Jahren, wobei sich die Aufklärung der genauen Mechanismen der Farbpräferenzen als komplexe Aufgabe gestaltet. Die Schwierigkeiten beginnen bereits bei der Definition von Farbe und der Annahme darüber, wie Bienen Farbe wahrnehmen. Aus menschlicher Sicht kann eine Farbempfindung durch drei subjektive Qualitäten, wie Farbton, Farbhelligkeit und Farbsättigung, sehr deutlich beschrieben und bewertet werden. So kann sich jeder etwas unter einem satten Gelb, einem dunklen Rot oder einem blassen Blau vorstellen. Bereits an der Benennung der Farbeindrücke ist erkennbar, dass der Qualität des Farbtons die größte Bedeutung in der Farbwahrnehmung des Menschen beigemessen wird. Sättigung und Helligkeit eines Farbeindrucks werden in der Regel ‚nur' zur detaillierteren Beschreibung des Farbtons verwendet (sattes Gelb, dunkles Rot usw.). Ob eine Biene einen Farbeindruck ähnlich wahrnimmt und ebenfalls diese drei subjektiven Qualitäten Farbton, Farbhelligkeit und Farbsättigung differenzieren kann oder sogar ähnlich stark gewichtet, ist weitgehend unklar.

Dennoch hat sich die Idee, eine Farbempfindung durch drei Qualitäten zu beschreiben, durchgesetzt und es wurden viele Studien zum Einfluss der vorherrschenden Wellenlänge ($\approx$ Farbton) (Menzel 1967, Hill 1997, Gumbert 2000), der spektralen Reinheit ($\approx$ Farbsättigung) (Menzel 1967, Lunau 1990; Lunau & Maier 1995) und der Intensität ($\approx$ Farbhelligkeit) einer Farbe (Daumer 1956) auf die Farbpräferenzen von Bienen durchgeführt[1]. Die daraus resultierenden Ergebnisse zeigen allerdings keine einheitlichen Tendenzen, welcher der drei Parameter für die Ausprägung der Farbpräferenzen verantwortlich ist. Allgemeinhin wird angenommen, dass Bienen insbesondere blaue Blüten mit einer vorherrschenden Wellenlänge im Bereich zwischen 400 und 420 nm stark präferieren (Menzel 1967; Giurfa et al 1995; Gumbert 2000; Dyer et al 2007; Ings et al 2009; Hudon & Plowright 2011; Morawetz et al 2013). Eine weitere, aber seltener ausgeprägte Präferenz kann für gelbe Blüten mit einer vorherrschenden Wellenlänge im Bereich zwischen 510 und 530 nm nachgewiesen werden (Giurfa et al 1995). Insgesamt werden Blüten mit einer hohen spektralen Reinheit von Bienen präferiert

---

1   Zwar ist eine Gleichsetzung der genannten Begriffe mit den subjektiven Empfindungsqualitäten unzulässig, da sie nicht gleichbedeutend sind, dennoch vereinfacht sie das Verständnis, indem sie eine Vorstellung der Farbparameter ermöglicht: Die vorherrschende Wellenlänge von 492 nm sagt uns nichts, der Farbton ‚Blau' hingegen schon.

(Lunau 1990; Papiorek et al 2013; Rhode et al 2013). Die Intensität einer Blütenfarbe soll hingegen keinen Einfluss auf die Farbpräferenzen einer Biene ausüben (Backhaus 1991; Spaethe et al 2001). Vereinzelte Studien wie die von Hempel de Ibarra et al (2000) zeigen allerdings, dass helle Farben gegen einen dunklen Hintergrund besser detektiert werden können als dunkle Farben gegen einen hellen Hintergrund. Diese Ergebnisse legen nahe, dass die Intensität einer Blütenfarbe, alternativ auch ein Intensitätskontrast zwischen Blüte und Umgebung, das Farbsehen von Bienen beeinflusst und bei der Beurteilung von Farbpräferenzen nicht außen vor gelassen werden sollte.

Neben diesen drei Parametern spielen Kontraste zwischen Blüte und Umgebung eine wichtige Rolle bei der Ausprägung von Farbpräferenzen. In Abhängigkeit des Sehwinkels detektieren Bienen Blüten über achromatische oder chromatische Kontraste (Giurfa et al 1995, 1997; Spaethe et al 2001), wobei Blüten, die einen hohen chromatischen Kontrast zum Hintergrund aufweisen, bei der Nahdetektion präferiert werden (Papiorek et al 2013). Blüten, die einen sehr geringen achromatischen Kontrast zum Hintergrund aufweisen, können von der Biene nicht detektiert werden (Papiorek et al 2013).

In der vorliegenden Arbeit werden die Farbpräferenzen von Arbeiterinnen verschiedener Bienenarten aus den Tribus Bombini und Meliponini unter unterschiedlichen Bedingungen untersucht. Als Standardmodell für die Untersuchungen wurden Arbeiterinnen der Dunklen Erdhummel *B. terrestris* verwendet. Die Untersuchungen wurden mit blütennaiven Arbeiterinnen unter Laborbedingungen am Institut für Sinnesökologie der Heinrich-Heine-Universität durchgeführt. Ergänzend wurden ebenfalls die Farbpräferenzen von zwei Stachellosen Bienenarten getestet (*Melipona mondury* und *Melipona quadrifasciata*). Für diesen Teil der Arbeit wurden frei-fliegende, blütenerfahrene Arbeiterinnen der beiden Arten unter Freilandbedingungen untersucht. Diese Versuche wurden auf dem Campus der Universität von Curitiba, Brasilien durchgeführt. Bei der Auswahl der untersuchten Bienenarten wurde darauf geachtet, nicht nur wichtige Bestäuber der hiesigen Flora zu berücksichtigen und sich auf die beiden ‚Standardversuchsbienen' *A. mellifera* und *B. terrestris* zu beschränken, sondern auch neue, noch wenig untersuchte Bienenarten aus anderen Regionen der Welt in die Untersuchungen einzubeziehen. Insbesondere in den Subtropen und Neotropen spielen Stachellose Bienen eine wichtige Rolle als Bestäuber der dortigen

Flora und finden seit einigen Jahren auch verstärkt Einsatz als Bestäuber von Kulturpflanzen in Gewächshäusern (Heard 1994; Amano et al 2000; Slaa et al 2000). Trotz ihrer ökologischen Wertigkeit in den Tropen und der Tatsache, dass visuelle Signale der Blüten starken Einfluss auf das Fouragierverhalten von Bienen ausüben, existieren kaum Untersuchungen zum Farbensehen und den Farbpräferenzen von Stachellosen Bienen (Sánchez & Vandame 2012; Spaethe et al 2014).

Bei der Untersuchung der Farbpräferenzen der in dieser Arbeit verwendeten Bienenarten *B. terrestris, M. mondury* und *M. quadrifasciata* wird der Einfluss der drei Farbparameter vorherrschende Wellenlänge, Farbreinheit (äquivalent zur spektralen Reinheit) und Farbintensität auf die Ausprägung der Farbpräferenzen überprüft. Insbesondere soll untersucht werden, ob und wenn ja, welcher oder welche Kombination der genannten Farbparameter als determinierender Faktor über einen Blütenbesuch entscheidet. Anhand der bisherigen Erkenntnisse wurden drei grundlegende Arbeitshypothesen aufgestellt.

1) Die relative Anzahl der Anflüge ist von der <u>Farbreinheit</u> der Farbstimuli abhängig. Hohe Farbreinheiten werden präferiert.
2) Die relative Anzahl der Anflüge ist von der <u>Farbintensität</u> der Farbstimuli abhängig. Hohe Farbintensitäten werden präferiert.
3) Die relative Anzahl der Anflüge ist von der <u>vorherrschenden Wellenlänge</u> der Farbstimuli abhängig. Farbstimuli mit einer vorherrschenden Wellenlänge im kurzwelligen Bereich werden präferiert.

Da dem Parameter Farbintensität kein Einfluss während dem chromatischen Sehvorgang, also während der Nahdetektion von Blüten, zugesprochen wird, können hier keine konkreten Annahmen über die Beurteilung der Qualität des Parameters durch die Biene gemacht werden. Die Annahme, dass hohe Intensitäten präferiert werden, ist weitgehend willkürlich gewählt und richtet sich nach der Qualitätsbeurteilung des Parameters Farbreinheit (hohe Farbreinheiten bzw. Farben, die eine hohe spektrale Reinheit aufweisen, werden präferiert). Zudem indiziert die Studie nach Hempel de Ibarra et al (2000), dass die gewählte Rangfolge (hohe Intensität > mittlere Intensität > geringe Intensität) sinnvoll ist.

Neben der Überprüfung der aufgestellten Arbeitshypothesen werden einige verhaltensbiologische Kernfragen bearbeitet.

a) Zeigen die Arbeiterinnen der untersuchten Bienenarten überhaupt Farbpräferenzen? Und wenn ja, können diese Farbpräferenzen in Abhängigkeit der Vorerfahrung der Bienen als angeborene oder spontane Präferenzen eingeordnet werden?

b) Wie unterscheiden sich die Farbpräferenzen der Stachellosen Bienen untereinander? Gibt es Unterschiede zwischen den untersuchten *Melipona*-Arten und *B. terrestris*?

c) Sind die gezeigten Farbpräferenzen abhängig von der Farbe des Hintergrundes?

d) Ändern sich die gezeigten Farbpräferenzen im Verlauf der Versuchssequenz?

e) Kann ein einzelner Farbparameter als determinierender Faktor für gezeigte Farbpräferenzen identifiziert werden oder entscheidet eine Kombination aus Parametern über die ‚Blüten'wahl?

f) Werden die gezeigten Farbpräferenzen von anderen Faktoren, wie rezeptorspezifischen Kontrasten, chromatischen oder achromatischen Kontrasten, determiniert?

Zudem werden auch methodische Aspekte und daraus resultierende Fragen genauer untersucht.

g) Wie sinnvoll ist die Auswahl der genutzten Farbparameter? Ist die Festlegung der Parameter ausreichend?

h) Wie hilfreich ist die Nutzung von Farbsehmodellen für die Bearbeitung der Fragestellungen?

i) Wie geeignet sind die neu eingeführte Methodik, Blütenattrappen aus farbigen Pigmentpulvern herzustellen, und der dazu gewählte Versuchsaufbau?

Zur Bearbeitung und Beantwortung der aufgestellten Fragen wird im Folgenden, neben der Darstellung der Ergebnisse und deren Diskussion, auch detailliert auf die Thematik ‚Was ist Farbe?' und ‚Wie wird sie wahrgenommen?' eingegangen.

2. Theoretischer Hintergrund

2.1. Was ist Farbe?

„Farbe ist diejenige Gesichtsempfindung eines dem Auge strukturlos erscheinenden Teiles des Gesichtsfeldes, durch die sich dieser Teil bei einäugiger Beobachtung mit unbewegtem Auge von einem gleichzeitig gesehenen, ebenfalls strukturlosen, angrenzenden Bezirk allein unterscheiden kann.", so sagt es das Normblatt DIN 5033, Blatt 1. „Ja nee, is klar", dachte in diesem Fall vermutlich nicht nur Atze Schröder, sondern auch ich. Im Folgenden möchte ich daher versuchen zu erklären, wie aus Licht Farbe wird, welche Arten von Farbe es gibt, wie Farbe wahrgenommen wird, wie sie gemessen werden kann und wie der Mensch versucht, Farbe in ein Korsett aus Definitionen und Normen zu zwängen (und dabei kläglich versagt). Zudem wird auf das visuelle System und die Farbwahrnehmung von Bienen eingegangen. Versuchen wir also ein bisschen Licht ins dunkle Farbenchaos zu bringen. In einem dritten Teil wird auf die theoretischen Hintergründe des Versuchsdesigns eingegangen.

Zuerst einmal muss deutlich klar werden, dass Farbe keine Eigenschaft von Objekten ist, sie kann nicht objektiv vermessen werden. Farbe ist ein subjektiver Sinneseindruck, den jeder Mensch individuell empfindet. Dennoch kann man den Entstehungsprozess von Farbe in drei gut erklärbaren Ebenen beschreiben: Es gibt eine physikalische, eine physiologische und eine psychologische Ebene (Abb. 1) (Bachmann & Bernhardt 2011).

Der Farbreiz spiegelt die physikalische Komponente wieder und kann als Lichtreiz, also als elektromagnetische Strahlung, die in das Auge des Betrachters fällt und die auf der Netzhaut befindlichen Photorezeptoren reizt, beschrieben werden (Bachmann & Bernhardt 2011).Ein Farbreiz kann auf zwei verschiedene Weisen entstehen und durch eine zugehörige Farbreizfunktion $\phi(\lambda)$ definiert werden (Lang 2004). Im ersten Fall tritt elektromagnetische Strahlung direkt in das Auge ein und löst dort eine Erregung der Photorezeptoren aus. In diesem Fall entspricht der Farbreiz der spektralen Zusammensetzung der einfallenden Strahlung $S(\lambda)$, also z.B. dem emittierten Strahlungsspektrum einer Glühbirne oder des Sonnenlichtes. Es gilt der Zusammenhang $\phi(\lambda) = S(\lambda)$ (Richter 1981). Im zweiten Fall trifft elektromagnetische Strahlung auf ein Objekt, wird von diesem Objekt reflektiert und tritt anschließend in das Auge des Betrachters (Lang 2004).

Der Farbreiz setzt sich aus den physikalischen Eigenschaften des Objekts, also Absorptions- und Reflexionseigenschaften (beschrieben durch den spektralen Remissionsgrad $\beta(\lambda)$), und der spektralen Zusammensetzung des Beleuchtungslichtes $S(\lambda)$ zusammen. Die zugehörige Farbreizfunktion lautet daher $\phi(\lambda) = S(\lambda) \cdot \beta(\lambda)$ (Richter 1981; Lang 2004). Handelt es sich bei dem Objekt um einen Farbfilter, der durchquert wird, wird der spektrale Remissionsgrad $\beta(\lambda)$ durch den spektralen Transmissionsgrad $\tau(\lambda)$ ersetzt. Der Farbreiz wird durch die Funktion $\phi(\lambda) = S(\lambda) \cdot \tau(\lambda)$ beschrieben (Richter 1981).

Die zweite Ebene ist die physiologische Ebene und wird durch die <u>Farbvalenz</u> repräsentiert. Die Farbvalenz spiegelt die Reaktion, die im Auge durch den Farbreiz ausgelöst wird, wieder und ist nur schwer greifbar. Wichtigstes Merkmal einer Farbvalenz ist, dass sie durch drei Maßzahlen eindeutig beschrieben werden kann. Vorstellen kann man sich das am besten, wenn man davon ausgeht, dass Farbe ein beliebiger Punkt in einem definierten dreidimensionalen Raum ist (z.B. einem Koordinatensystem). Die Lage des Punktes kann nun durch drei Vektoren, die sich in Richtung und Länge unterscheiden (= drei Maßzahlen), beschrieben werden. Ähnlich funktioniert dies auch im Auge eines Organismus. Hier beschreibt die Farbvalenz das, was in den Photorezeptoren durch den Farbreiz ausgelöst wird (Bachmann & Bernhardt 2011). Sowohl der Mensch als auch die Biene weisen drei verschiedene Typen von

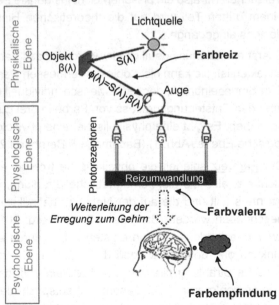

Abb. 1: Die Entstehung von ‚Farbe'. Farbe ist lediglich eine Sinnesempfindung, die im Gehirn entsteht. Die Entstehung von Farbe verläuft über drei Ebenen (physikalisch, physiologisch und psychologisch) (Grafik nach Böhringer et al 2011; Seite 205).

Photorezeptoren auf, die für das Farbsehen zuständig sind. Fällt ein Farbreiz ins Auge des Betrachters, werden dort die Photorezeptortypen entsprechend der spektralen Zusammensetzung des Farbreizes erregt. Die drei Erregungswerte der Rezeptoren ergeben die drei Maßzahlen der Farbvalenz (Böhringer et al 2011).

Die dritte Ebene der Farbentstehung ist die Farbempfindung, die durch neuronale Verarbeitung im Gehirn entsteht (Lang 2004; Hagendorf 2011). Dieser Vorgang ist sehr komplex und es gibt eine Vielzahl von Phänomenen, die die Farbempfindung beeinflusst. Es ist somit nahezu unmöglich, den durch die Farbempfindung erzeugten Sinneseindruck „Farbe" zu quantifizieren. Farbe ist also eine rein subjektive Empfindung (Richter 1981). Auch wenn die Farbempfindung individuell ist, hat es sich durchgesetzt, Farbempfindungen durch die drei Kenngrößen Farbton, Farbsättigung und Farbhelligkeit zu charakterisieren (Bachmann & Bernhardt 2011).

2.2. Eigenschaften von Licht

Umgangssprachlich bezeichnet Licht den Teil der elektromagnetischen Strahlung, der für das menschliche Auge wahrnehmbar ist, also der Bereich zwischen 380 und 780 nm (Welsch & Liebmann 2012). Genau genommen ist diese Beschreibung aber unzureichend, da auch die angrenzenden Wellenlängenbereiche der elektromagnetischen Strahlung essentiell für die Entstehung von Farbeindrücken sein können. So ist beispielweise für Bienen auch kurzwellige Strahlung ab 300 nm für die Entstehung von Farbeindrücken relevant. Eine für diese Arbeit geeignetere Beschreibung von Licht umfasst daher ultraviolettes Licht (respektive ultraviolettes Spektrum) und sichtbares Licht (respektive visuelles Spektrum). Nach DIN 5031-7 umfasst das visuelle Spektrum (abgekürzt: VIS) den Wellenlängenbereich von 380 bis 780 nm, also den vom menschlichen Auge wahrnehmbaren Bereich des elektromagnetischen Spektrums und das ultraviolette Spektrum des Wellenlängenbereichs von 100 bis 380 nm.

Die physikalische Besonderheit der elektromagnetischen Strahlung liegt in ihrem Welle-Teilchen-Dualismus (Welsch & Liebmann 2012). Das bedeutet, dass ‚Licht‘ sowohl als Teilchen als auch als Welle beschrieben werden kann und somit unterschiedliche Zusammenhänge entstehen. Um zu verstehen, wie aus Licht ‚Farbe‘ wird, hilft es, die folgenden Zusammenhänge im Hinterkopf zu behalten. Durch den Wellencharakter elektromagnetischer Strahlung kann diese durch die Wellenlänge (λ) oder die Frequenz (v) beschrieben werden. Dabei besteht der Zusammenhang:

$$v = c / \lambda$$

mit c = 3 x 10^{10} cm/s (Lichtgeschwindigkeit). Elektromagentische Strahlung mit einer kurzen Wellenlänge weist also eine hohe Frequenz auf und umgekehrt (Bruice 2007). Zudem kann die Energie (E) eines Lichtquants folgendermaßen beschrieben werden:

$$E = hv = hc / \lambda$$

mit h als Konstante (Planck'sches Wirkungsquantum). Elektromagnetische Strahlung mit einer kurzen Wellenlänge und einer hohen Frequenz ist folglich energiereich (Bruice 2007).

Die bekanntesten Untersuchungen zum Verhalten von Licht führte Isaac Newton in seinen drei Versuchen mit Glasprismen durch, deren Ergebnisse Wissensgrundlage für viele heutzutage selbstverständlich wirkende Erkenntnisse im Bereich des Farbensehens darstellen. In seinem ersten Versuch konnte Newton zeigen, dass sich weißes Licht bei dem Durchtritt durch ein Prisma in sieben Farbbanden aufspaltet, die heute als Spektralfarben bekannt sind (Abb. 2; links). Physikalische Ursache hierfür ist, dass sich das Licht verschiedener Wellenlängen unterschiedlich schnell im Prisma ausbreitet (Kuchling 2007). Langwelliges Licht breitet sich schneller innerhalb eines Prismas aus und wird somit weniger stark abgelenkt als kurzwelliges blaues Licht[2] (Welsch & Liebmann 2012). In seinem zweiten Versuch zeigte Newton, dass sich eine isolierte Farbbande beim Durchtritt durch ein weiteres Prisma nicht weiter aufspalten lässt (Abb. 2; mittig). Damit lieferte er den Beweis, dass die Spektralfarben die ‚Grundeinheiten' von Licht darstellen. In seinem dritten Versuch zeigte Newton, dass sich aufgespaltenes Licht durch den Durchtritt durch eine Linse wieder zu weißem Licht zusammenführen lässt (Abb. 2; rechts).

---

2   Newton sieht Licht allerdings als Teilchen an. Er nannte diese Teilchen „Korpuskeln"
      und ging davon aus, dass sie sich in Farbe, Größe und somit auch in Geschwindigkeit
      unterscheiden.

Abb. 2: Newtonsche Prismenversuche. Links: Erster Versuch, der zeigt, dass weißes Licht beim Durchtritt durch ein Prisma in sieben Spektralfarben aufgespalten wird. Mittig: Eine Spektralfarbe kann durch den Durchtritt durch ein Prisma nicht weiter aufgespalten werden (zweiter Versuch). Rechts: Im dritten Versuch zeigte Newton, dass die Spektralfarben beim Durchtritt durch eine Linse wieder zu weißem Licht zusammengeführt werden kann (Grafik nach Welsch & Liebmann 2012; Seite 294 & 295).

2.3. Licht- und Körperfarben

2.3.1. Lichtfarben

Lichtfarben sind ‚Farben', die von Selbstleuchtern ausgehen, also z.B. das Licht einer Glühbirne oder eines Farbstrahlers. Die Farbreizfunktion von Lichtfarben entspricht also lediglich der spektralen Zusammensetzung des Selbstleuchters. Als primäre Lichtfarben oder primäre Spektralfarben[3] werden die Farben Rot, Grün und Blau bezeichnet (Welsch & Liebmann 2012). Lichtfarben mischen sich nach den Gesetzen der additiven Farbmischung (siehe Kapitel 2.4.; erster Abschnitt).

2.3.2. Körperfarben

Zu den Körperfarben gehören Durchsichtsfarben wie Farbfilter sowie Aufsichtsfarben wie Pigmente und andere Malmittel (Richter 1981). Körperfarben entstehen dadurch, dass Licht auf eine Oberfläche trifft, dort teilweise absorbiert und teilweise reflektiert (oder transmittiert) wird und anschließend in das Auge des Betrachters fällt. Der Farbreiz einer Körperfarbe wird also durch die spektrale Zusammensetzung der Beleuchtungsfarbe und die optischen Eigenschaften des angestrahlten Objekts bestimmt (Richter 1981). Die primären Körperfarben, Cyan, Magenta und Gelb bilden die Grundfarben

---

3   Welsch & Liebmann (2012) verwenden den Begriff ‚primäre Spektralfarben' für die Lichtfarben Rot, Grün und Blau und den Begriff ‚sekundäre Spektralfarben' für die Mischfarben der primären Spektralfarben, also Cyan, Gelb und Magenta. In beiden Fällen sollte aber nicht von Spektralfarben, sondern lediglich von Lichtfarben gesprochen werden. Der Begriff ‚Spektralfarbe' sollte den sieben Farben, die bei der Lichtbrechung im Prisma entstehen, vorbehalten sein (Rot, Orange, Gelb, Grün, Cyanblau, Ultramarinblau und Violettblau).

der subtraktiven Farbmischung nach deren Prinzip Körperfarben gemischt werden (Welsch & Liebmann 2012).

Die wahrgenommene Farbigkeit von Aufsichtsfarben, den gängigeren Körperfarben, entsteht aufgrund von Lichtreflexion und Lichtabsorption. Das grundlegende Prinzip besteht darin, dass bei der Absorption eines Lichtquants die Elektronen eines Moleküls angeregt werden und somit in ein höheres Energieniveau überführt werden. Bei der Rückführung der angeregten Elektronen in ihren ursprünglichen Energiezustand wird die Energie als Lichtstrahlung oder Wärmestrahlung abgegeben (Welsch & Liebmann 2012). Je größer der Abstand zwischen den beiden Energieniveaus ist, desto energiereicher muss das einfallende Licht sein, um den Übergang zu gewährleisten. Bei einem großen Abstand zwischen den Energieniveaus werden energiereiche Lichtquanten, also kurzwelliges Licht wie beispielweise ultraviolettes Licht, absorbiert; bei einem geringen Abstand zwischen den Energieniveaus werden energieärmere Lichtquanten, also langwelliges Licht wie z.B. rotes Licht, absorbiert (Bruice 2007). Verbindungen, die ein delokalisiertes π-Elektronensystem und viele konjugierte Doppelbindungen aufweisen (z.B. organische Verbindungen), sind besonders gut geeignet, um elektromagnetische Strahlung aus dem UV/VIS-Spektrum zu absorbieren, da der energetische Abstand zwischen dem Grundzustand und dem angeregten Zustand entsprechend gering ist (Bruice 2007). Trifft elektromagnetische Strahlung aus dem UV/VIS-Bereich auf ein solches Molekül, werden entsprechend der energetischen Bedingungen der Elektronen innerhalb des Moleküls, Lichtquanten der entsprechenden Wellenlänge absorbiert und die übrigen Bereiche der elektromagnetischen Strahlung reflektiert. Das reflektierte Licht kann als Farbreiz in das Auge des Betrachters fallen und nach der neuronalen Verarbeitung eine Farbempfindung im Gehirn erzeugen (Bruice 2007; Welsch & Liebmann 2012).

Die wichtigsten Vertreter der Körperfarben sind Pigmente, also „kleine, meist kristalline, unlösliche, farbgebende Partikel" (Welsch & Liebmann 2012), und Farbstoffe, also „chemische Substanzen, die entweder in Lösungen oder in Bindemitteln [...] löslich sind" (Welsch & Liebmann 2012). Da in dieser Arbeit mit Pigmenten in Pulverform gearbeitet wird, soll im Folgenden kurz auf die Eigenschaften von Pigmenten eingegangen werden.

Die Farbigkeit von Pigmenten wird durch viele verschiedene Eigenschaften wie „Korngröße, Korngrößenverteilung, Oberflächenbeschaffenheit, Kristallmodifikation und Kristallform" (Welsch & Liebmann 2012) beeinflusst, sodass es schwierig ist, das Verhalten von Pigmenten in Bindemitteln oder in Mischung mit anderen Pigmenten vorherzusagen. Insbesondere die Oberflächenstruktur und die damit verbundene Streuung des reflektierten Lichts beeinflusst die Zusammensetzung des Farbreizes und somit auch die hervorgerufene Farbempfindung stark. Prinzipiell können Pigmente in vier Kategorien eingeteilt werden: a) natürlich anorganisch, b) natürlich organisch, c) künstlich anorganisch und d) künstlich organisch (Welsch & Liebmann 2012). Zu den natürlichen Pigmenten gehören auch verschiedene Pflanzenfarbstoffe, die für die Färbung verschiedener Pflanzenteile verantwortlich sind. Zu den wichtigsten Blütenfarbstoffen gehören verschiedene Pigmente, Pigmentmischungen oder Komplexe mit Metallionen oder Kohlenhydraten (Tab. 1; zusammengefasst aus Welsch & Liebmann 2012).

Tab. 1: Übersicht der wichtigsten Blütenfarbstoffe. Die Tabelle zeigt einen kurzen Überblick über die wichtigsten Gruppen der Blütenfarbstoffe, ihre chemischen Eigenschaften, die die Lokalisation in der Blüte bestimmen und die Färbung der Blüte.

Blüten-farbstoff	(Wichtige) Unter-gruppen	Chemische Eigen-schaften	Lokalisation in der Blüte	Blüten-farbe[4]	Vertreter (Beispiele)
Betalaine	Betacyane	wasserlöslich	Vakuole	rot bis violett	Betanin
	Betaxanthine	s.o.	s.o.	gelb	Indica-xanthin
Caroti-noide	Carotine	fettlöslich	Chromo-plasten Zellmembran	gelb bis orange	β-Carotin Lycopin
	Xantophylle	s.o.	s.o.	s.o.	Lutein Fucoxanthin
Flavo-noide	Flavone	wasserlöslich	Vakuole	gelb bis orange	Morin Luteolin
	Anthocyane	s.o.	s.o.	blau bis rötlich	Anthocyanin Cyanidin Pelargonidin Delphinidin
	Flavonole	s.o.	s.o.	gelb	Quercitin Kämpferoln

---

4   Die aufgeführten Begriffe entsprechen der Farbempfindung durch den Menschen.

Für die Durchführung der Farbwahlversuche in dieser Arbeit wurden aus Kostengründen künstliche Pigmente verwendet. In der Regel handelt es sich dabei um günstige Theaterfarben oder Malfarben, bei denen organische Pigmente in Calciumcarbonat gebunden sind.

2.4. Additive, subtraktive und autotypische Farbmischung

2.4.1. Die additive Farbmischung

Unter additiver Farbmischung versteht man das Mischen von Lichtfarben (Bachmann & Bernhardt 2011). Bei der Mischung der drei primären Lichtfarben Rot, Grün und Blau entsteht Weiß. Ebenso kann Weiß erzeugt werden, wenn eine sekundäre Lichtfarbe (also Cyan, Magenta und Gelb) mit der verbleibenden primären Lichtfarbe gemischt wird (Abb. 3; links). Die Mischfarben sind sehr gut vorhersagbar, da die additive Farbmischung einer mathematischen Regel folgt: Die spektralen Zusammensetzungen (S(λ)) der einzelnen Lichtkomponenten werden addiert (Abb. 3; rechts). Daraus resultiert eine der wichtigsten Eigenschaften der additiven Farbmischung, nämlich die höhere Intensität der Mischfarbe im Vergleich zur Intensität

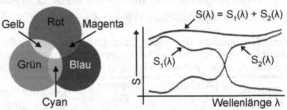

Abb. 3: Additive Farbmischung von Lichtfarben. Links: Das allgemeine Prinzip. Weiß lässt sich entweder aus den primären Lichtfarben Rot, Grün und Blau oder aus einer sekundären und der verbleibenden primären Lichtfarbe (z.B. Cyan und Rot) mischen (Grafik nach Beyerer et al 2012; Seite 206). Rechts: Die mathematische Grundlage der additiven Farbmischung. Zwei Lichtfarben mit der spektralen Zusammensetzung $S_1(λ)$ und $S_2(λ)$ addieren sich zu der gemischten Lichtfarbe (S(λ)). Die Mischfarbe wirkt daher heller (Grafik nach von Campenhausen 1981; Seite 151).

der Grundfarben (die Mischfarbe wirkt heller) (von Campenhausen 1981).

Die additive Farbmischung kann auf drei Weisen erzeugt werden (Richter 1981):

1) Zwei oder mehr Lichtfarben treten gleichzeitig und räumlich gebündelt in das Auge ein.

   Beispiel: Ein grüner und ein roter Farbstrahler werfen Licht auf die gleiche Stelle einer weißen Leinwand. Das zurückgeworfene gelbe Licht tritt gleichzeitig und räumlich gebündelt auf die Netzhaut.

2) Zwei oder mehr Lichtfarben treten räumlich gebündelt, aber zeitlich nacheinander in das Auge ein.

Beispiel: Dreht man einen Farbkreisel mit verschieden farbigen Flächen schnell genug, nehmen wir nicht die einzelnen Farben der Kreiselsegmente, sondern deren Mischfarbe wahr.

3) Zwei oder mehr Lichtfarben treten gleichzeitig, aber an verschiedenen Stellen in das Auge ein.

Beispiel: Ein Computerbildschirm arbeitet mit den Farben Rot, Grün und Blau und stellt diese in Form von winzigen Punkten dar. Das menschliche Auge vermag die einzelnen Punkte nicht aufzulösen und nimmt die Mischfarben wahr.

Wichtig ist, dass das räumliche und zeitliche Auflösungsvermögen des menschlichen Auges dabei berücksichtigt wird.

2.4.2. Die subtraktive Farbmischung

Die subtraktive Farbmischung bezieht sich auf das Mischverhalten von Körperfarben und gilt sowohl für die Mischung von Aufsichtsfarben als auch für die Mischung von Durchsichtsfarben (Bachmann & Bernhardt 2011). Durch Mischung der drei primären Körperfarben Cyan, Magenta und Gelb entsteht Schwarz. Auch durch das Mischen einer sekundären Körperfarbe (also Rot, Grün und Blau) und der verbleibenden primären Körperfarbe (z.B. Cyan und Rot) entsteht Schwarz (Abb. 4a). Am deutlichsten wird das Prinzip der subtraktiven Farbmischung, wenn man mehrere farbige Filter übereinander legt (Abb. 4c). Weißes Licht mit der spektralen Strahlungsleistungsverteilung $S_0(\lambda)$ wird durch einen roten Farbfilter mit dem spektralen Transmissionsgrad $\tau_1(\lambda)$ geschickt. Das austretende rote Licht mit $S_1(\lambda)$ wird durch einen zweiten, blauen Filter mit dem spektralen Transmissionsgrad $\tau_2(\lambda)$ geschickt. Das gefilterte Licht weist die spektrale Strahlungsverteilung $S_2(\lambda)$ und erscheint grün für den menschlichen Betrachter (von Campenhausen 1981). Auch die Mischung von verschieden farbigen Pigmenten verläuft nach dem Prinzip der subtraktiven Farbmischung (Abb. 4b), wobei eine genaue Vorhersage der Mischfarbe aufgrund verschiedener Einflüsse wie Oberflächenbeschaffenheit und Partikelgröße der Pigmente nicht möglich ist (Bachmann & Bernhardt 2011). Beide Fällte zeigen, dass die Intensität der Mischfarbe geringer als die der Ausgangsfarbe ist (Welsch & Liebmann 2012).

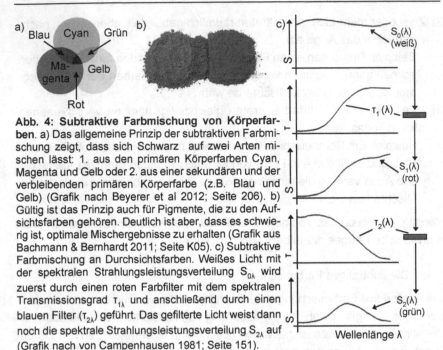

Abb. 4: Subtraktive Farbmischung von Körperfarben. a) Das allgemeine Prinzip der subtraktiven Farbmischung zeigt, dass sich Schwarz auf zwei Arten mischen lässt: 1. aus den primären Körperfarben Cyan, Magenta und Gelb oder 2. aus einer sekundären und der verbleibenden primären Körperfarbe (z.B. Blau und Gelb) (Grafik nach Beyerer et al 2012; Seite 206). b) Gültig ist das Prinzip auch für Pigmente, die zu den Aufsichtsfarben gehören. Deutlich ist aber, dass es schwierig ist, optimale Mischergebnisse zu erhalten (Grafik aus Bachmann & Bernhardt 2011; Seite K05). c) Subtraktive Farbmischung an Durchsichtsfarben. Weißes Licht mit der spektralen Strahlungsleistungsverteilung $S_{0\lambda}$ wird zuerst durch einen roten Farbfilter mit dem spektralen Transmissionsgrad $\tau_{1\lambda}$ und anschließend durch einen blauen Filter ($\tau_{2\lambda}$) geführt. Das gefilterte Licht weist dann noch die spektrale Strahlungsleistungsverteilung $S_{2\lambda}$ auf (Grafik nach von Campenhausen 1981; Seite 151).

2.4.3. Die autotypische Farbmischung

Die autotypische Farbmischung ist eine Kombination aus additiver und subtraktiver Farbmischung und findet insbesondere beim Vierfarbendruck Anwendung (Welsch & Liebmann 2012). Bei gängigen Druckverfahren werden zur Mischung von Farbe zwei oder drei der primären Körperfarben (Cyan, Magenta und Gelb) lasierend übereinander gedruckt (subtraktive Farbmischung). Das Druckbild wird allerdings nicht durch den flächendeckenden Druck nach subtraktiver Farbmischung erzeugt, sondern durch das Nebeneinanderdrucken vieler kleiner Druckpunkte, deren Größe so gewählt ist, dass das menschliche Auge sie nicht als einzelne Punkte aufzulösen vermag (Böhringer et al 2011). Zudem enthält das Druckbild oft nicht bedruckte Bereiche, an denen das Papier durchschimmert. Die additive Komponente der autotypischen Farbmischung setzt sich also aus der Nutzung von farbigen Druckpunkten und der Addition der Absorptionseigenschaften des Papiers zusammen (Welsch & Liebmann 2012). Die spektrale Zusammensetzung hängt also von drei Komponenten ab:

a) Absorptionseigenschaften der durch subtraktive Farbmischung erzeugten Druckpunkte – Wie deckend ist das Pigment?/Wie ist die Oberflächenbeschaffenheit?
b) Verteilung der Druckpunkte
c) Absorptionseigenschaften des bedruckten Papiers

Diese Problematik wird in späteren Kapiteln, die sich mit der Problematik des Versuchsaufbaus beschäftigen (Kapitel 2.11.), noch einmal aufgegriffen.

2.5. Theorien zum Farbsehen des Menschen

2.5.1. Die Dreifarbentheorie

Thomas Young (1773-1829) und später Hermann von Helmholtz (1821-1894) erarbeiteten zwischen 1802 und 1867 die Dreifarbentheorie oder auch Young-Helmholtz-Theorie zur menschlichen Farbwahrnehmung. In dieser Theorie wird davon ausgegangen, dass das Farbsehen des Menschen auf dem Vorhandensein von drei Photorezeptortypen, die unterschiedlich stark auf bestimmte Farbreize reagieren, beruht (Richter 1981). Helmholtz ging davon aus, dass diese drei Photorezeptortypen empfindlich auf rotes, grünes bzw. blaues Licht reagieren und wies nach, dass „jede Farb[empfindung] mittels additiver Mischung aus den primären Spektralfarben Rot, Grün und Blau erzeugt werden kann" (Welsch & Liebmann 2012). Zudem ordnete Helmholtz den Farbempfindungen drei subjektive Eindrücke zu, die es ermöglichten, Farben zu beschreiben und zu charakterisieren. Die ausgewählte Attribute Farbton, Sättigung und Helligkeit werden bis heute verwendet, um Farbe zu beschreiben (Welsch & Liebmann 2012).

Auch wenn die Dreifarbentheorie sehr simpel klingt, bildet sie die Grundlage des Verständnisses zur Wahrnehmung von Farbe. Einige Wahrnehmungsphänomene können allerdings nicht komplett durch diese Theorie erklärt werden. Hierzu gehören a) die Wahrnehmung von Gelb als ‚eigenständige' Farbe und b) die unterschiedliche Bewertung von bunten und unbunten Farben (Welsch & Liebmann 2012). Während wir Orange oder Violett ganz deutlich als Mischfarbe wahrnehmen, empfinden viele Menschen Gelb als vierte Grundfarbe und somit als eigenständige Farbe. Auch die Empfindung und Einordnung von beispielsweise Rot und Weiß sind komplett verschieden. Während Rot eine der wahrgenommenen Grundfarben darstellt, wird Weiß überhaupt nicht als ‚richtige' Farbe wahrgenommen, sondern als ‚unbunt' beschrieben. Beide Phänomene werden erst durch die Berücksichtigung der Gegenfarbtheorie erklärt.

2.5.2. Die Gegenfarbtheorie

Die Gegenfarbtheorie wurde 1864 von Ewald Hering (1834-1918) als eine Alternative zur Dreifarbentheorie entwickelt. Sie besagt, dass Farben in drei Gegenfarbpaaren angeordnet und verarbeitet werden (Welsch & Liebmann 2012). Grundlage für diese Theorie ist die Stimmigkeit der Farbempfindung durch den Menschen. So wird Gelb nicht als Mischfarbe aus Grün und Rot, sondern wie bereits erwähnt als ‚eigenständige' Farbe wahrgenommen. Hering ordnete dementsprechend die vier empfundenen Grundfarben Blau, Grün, Rot und Gelb in Gegenfarbpaaren, die sich gegenseitig auszuschließen scheinen, an. Es gibt ein Gegenfarbpaar für Blau-Gelb, eines für Rot-Grün und eines für Weiß-Schwarz (Dahm 2005). In der Farbempfindung des Menschen gibt es z.B. kein bläuliches Gelb oder grünliches Rot, sehr wohl hingegen ein gelbliches Grün oder ein rötliches Blau (Welsch & Liebmann 2012). Hering vermutete, dass diese Farbempfindungen auf unterschiedlichen Stoffwechselvorgängen im Auge zurückzuführen sind, wobei die Zusammensetzung des Farbreizes ursächlich dafür wären, ob diese Vorgänge verstärkt oder abgeschwächt werden.

2.5.3. Die Zonentheorie und die Duplizitätstheorie

Heute weiß man, dass beide Theorien für sich nicht ausreichen, um alle bekannten Phänomene der Farbwahrnehmung zu erklären. Johannes A. von Kries (1853-1928) kombinierte die Dreifarbentheorie und die Gegenfarbtheorie zu der heute anerkannten Zonentheorie (Welsch & Liebmann 2012). In dieser Theorie wird davon ausgegangen, dass beide vorgestellten Theorien sich nicht gegenseitig ausschließen, sondern nacheinander geschaltet tatsächlich anwendbar sind (Welsch & Liebmann 2012). Auf Ebene der Netzhaut greift das Prinzip der Dreifarbentheorie und es reichen drei Photorezeptortypen aus, um Farbreize wahrzunehmen und daraus neuronale Signale zu formen, die die Informationen für die Ausbildung eines beliebigen Farbeindrucks im Gehirn einhalten. Diese neuronalen Signale werden auf der nächsten Ebene, nämlich während der neuronalen Verarbeitung in der Netzhaut nach dem Prinzip der Gegenfarbtheorie verarbeitet (Welsch & Lieb-mann 2012).

Eine weitere wichtige Erkenntnis, die heute als selbstverständlich angesehen wird, fasste Johannes A. von Kries in seiner Duplizitätstheorie zusammen. Während Thomas Young von drei Photorezeptortypen im menschlichen Auge ausgegangen ist, stellte Johan Evangelista Purkyně (1787-1869) fest, dass der Grad der Buntheit der betrachteten Objekte von der Helligkeit ab-hängt und Objekte, die im Tageslicht bunt wirken, in der Abenddämmerung gräulich bis schwarz, also unbunt, wirken (Welsch & Liebmann 2012). In den folgenden Jahren wurde die Hypothese entwickelt, dass verschiedene Typen von Photorezeptoren existieren, deren Aktivität in irgendeiner Weise von der Umgebungshelligkeit abhängt. Die Duplizitätstheorie von von Kries aus dem Jahr 1896 besagt, dass es auf der Netzhaut zwei unterschiedliche Typen von Photorezeptoren gibt: die lichtempfindlichen Stäbchen für das skotopische Sehen, also das Nachtsehen bei geringem Umgebungslicht, und die etwas lichtunempfindlicheren Zapfen für das photopische Sehen, also das Tag-sehen bei starkem Umgebungslicht. Das Farbsehen wird durch die drei Arten von Zapfen (Rot-Zapfen, Grün-Zapfen und Blau-Zapfen) vermittelt.

2.6. Die Physiologie des menschlichen Sehsystems

2.6.1. Der Bau des menschlichen Auges

Das menschliche Auge ist ein Linsenauge (Abb. 5), auf dessen anatomi-schen Bau ich hier nur kurz eingehen möchte. Die äußere Abgrenzung des Auges erfolgt durch eine transparente Hornhaut, die leichten Schutz vor äu-ßeren Einflüssen bietet und der ersten Bündelung des einfallenden Lichtes dient (Hagendorf 2011). Hinter der Hornhaut liegt eine muskuläre Struktur, die Iris, die in der Mitte eine Öffnung, die Pupille, aufweist. Durch Kontraktion oder Relaxation der Muskulatur kann die Pupille unterschiedlich stark geöff-net oder geschlossen werden, um so die Menge des einfallenden Lichtes zu regulieren. Die Linse, ebenfalls eine transparente Struktur, schließt an die Iris an und kann durch Muskelaktivität der Ciliarmuskeln verformt werden. Durch dieses Vermögen zur Akkommodation der Linse und die Kontrolle der Pupillenöffnung können die Abbildungseigenschaften des Auges verändert werden (Hagendorf 2011). Hinter der Linse liegen der mit Flüssigkeit gefüllte Glaskörper und anschließend die Netzhaut. In der Netzhaut liegen die ver-

schiedenen Typen von
Photorezeptoren, die den
einfallenden Farbreiz wahrnehmen und zur späteren
neuronalen Verarbeitung in
ein Rezeptorpotential um-
wandeln.

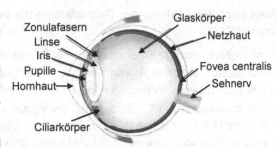

Wie bereits erwähnt sind
zwei verschiedene Typen
von Photorezeptoren auf
der Netzhaut des menschlichen Auges vorhanden.

Abb. 5: Aufbau des menschlichen Linsenauges.
Das einfallende Licht passiert die vorderen Strukturen,
durchquert den Glaskörper und trifft anschließend auf
die in der Netzhaut befindlichen Photorezeptoren (Grafik nach Moyes & Schulte 2008; Seite 316).

Bei den Stäbchen handelt es sich um sehr lichtempfindliche Photorezeptoren, die bereits bei geringer Umgebungshelligkeit reagieren und somit für das
skotopische Sehen zuständig sind (Gegenfurtner 2012). Alle Stäbchen besitzen das gleiche Sehpigment mit einem Absorptionsmaximum bei 498 nm
(Bowmaker & Dartnall 1980). Da für die Unterscheidung von Wellenlängen
mehrere Photorezeptoren mit verschiedenen maximalen Empfindlichkeiten
notwendig sind, ist dies durch die Stäbchen ausgeschlossen[5].

Folgerichtig ist also auch die Farbwahrnehmung während dem skotopischen
Sehen nicht möglich (Gegenfurtner
2012). Bei einer hohen Umgebungshelligkeit sind die Stäbchen
gesättigt und geben keinerlei visuelle Information mehr an den Seh-
nerv weiter. Das photopische Sehen verläuft ausschließlich über
den zweiten Typus Photorezeptoren, die Zapfen. Diese übernehmen
dabei sowohl das Farbsehen als
auch „die Unterscheidung von
Schwarz-Weiß-Kontrasten" (Gegenfurtner 2012). Im menschlichen

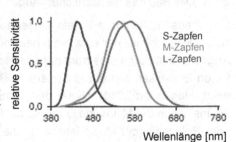

**Abb. 6: Sensitivitätsspektren der Photo-
rezeptortypen beim Menschen.** Dargestellt
sind die normierten relativen Sensitivitäten
der drei Zapfentypen aufgetragen gegen die
Wellenlänge [nm] (Grafik nach Stockman &
Sharpe 2000).

---

5   Am Ende des Kapitels 2.6. (Seite 23) befindet sich ein kleiner Exkurs, in dem erklärt
    wird, warum Farbsehen mit nur einem Rezeptor nicht möglich ist.

System existieren drei Typen von Zapfen, deren maximale Empfindlichkeit bei 437, 533 und 564 nm liegt (Abb. 6) (Bowmaker & Dartnall 1980). Die maximale Empfindlichkeit während dem photopischen Sehen liegt bei 555 nm (Hagendorf 2011). Es haben sich zwei Arten der Nomenklatur durchgesetzt: a) Benennung gemäß der Farbtöne, die zur Wellenlänge der maximalen Empfindlichkeit gehören (Blauzapfen, Grünzapfen und Rotzapfen[6]) oder b) Benennung entsprechend dem Wellenlängenbereich, in dem die Zapfen ihre maximale Empfindlichkeit aufweisen (S-Zapfen für Short-Wavelength Cone, M-Zapfen für Medium-Wavelength Cone und L-Zapfen für Long-Wavelength Cone) (Munk 2011).

Die Verteilung und die Anzahl der Zapfen auf der Netzhaut sind nicht regelmäßig. So sind die Zapfen im Bereich der Fovea centralis stark konzentriert, zum äußeren Bereich der Netzhaut hin nimmt ihre Anzahl ab (Gegenfurtner 2012). Folge dieser unregelmäßigen Verteilung der Photorezeptortypen ist ein unterschiedlich gut ausgeprägtes Sehschärfevermögen, welches in der Fovea centralis, also dem Bereich mit einer großen Anzahl an Zapfen, am besten ausgebildet ist. Neben dieser unregelmäßigen Verteilung der Zapfen ist auch die Anzahl der einzelnen Zapfentypen variabel. Als Faustregel ist anzunehmen, dass es etwa doppelt so viele Rotzapfen (ca. 60 %) wie Grünzapfen (ca. 30 %) und nur sehr wenige Blauzapfen (ca. 10 %) auf der menschlichen Netzhaut gibt (Hagendorf 2011; Gegenfurtner 2012).

2.6.2. Die neuronale Verarbeitung und Weiterleitung von Farbreizen

Die durch die Zapfen registrierten Farbreize werden in den amakrinen Zellen, Horizontal-, Bipolar- und Ganglienzelle der Netzhaut in einem ersten Schritt vorverarbeitet und anschließend in Form eines neuronalen Signals zum Gehirn geleitet. In dieser retinalen Verarbeitungsphase laufen drei grundlegende Prozesse ab (Welsch & Liebmann 2012):

1) Antagonistische Verarbeitung der Rezeptorsignale
2) Datenreduktion durch verminderte Redundanz in der Verschaltung der Nervenzellen

---

6   Da die maximale Empfindlichkeit des Rotzapfens bei 565 nm liegt, sollte dieser Zapfentyp richtigerweise als Gelbzapfen benannt werden. Der Begriff Rotzapfen hat sich allerdings im Sprachgebrauch etabliert, sodass auch im Folgenden von Rotzapfen gesprochen wird.

3) Kontrastverstärkung durch laterale Inhibition

Insbesondere der erste Prozess ist einer der wichtigsten und soll daher kurz erklärt werden. Die antagonistische Verschaltung der Rezeptorsignale folgt dem Prinzip der Gegenfarbentheorie und wird vereinfacht folgendermaßen umgesetzt (Abb. 7): Im Rot-Grün-System wird die Differenz der Signale aus

Rot- und Grünzapfen gebildet (R - G), während im Hell-Dunkel-System (oder Luminanzsystem) die Summe aus den Signalen der beiden Rezeptoren gebildet wird (R + G) (Gegenfurtner 2012; Welsch & Liebmann 2012). Im Blau-Gelb-System findet eine etwas kompliziertere Ver-

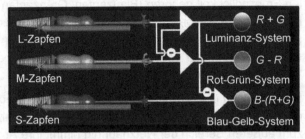

Abb. 7: Retinale Reizverrechnung nach dem Gegenfarbenprinzip. Die Erregungssignale der Photorezeptoren werden in den nachgeschalteten Nervenzellen der Netzhaut zu Gegenfarben umcodiert. R = Signal des L-Zapfen; G = Signal des M-Zapfen; B = Signal des S-Zapfen; ‚+' steht für die Summenbildung der Signale; ‚-' steht für die Differenzbildung der Signale (Grafik nach Welsch & Liebmann 2012; Seite 252).

rechnung statt: Es wird die Differenz zwischen dem Signal des Blaurezeptors und dem Signalergebnis des Luminanzsystems, also der Summe aus den Rot- und Grünsignalen, gebildet (B - (R + G)) (Gegenfurtner 2012; Welsch & Liebmann 2012).

Diese erste Phase der retinalen Verarbeitung von Farbreizen ist linear aufgebaut. Die weitere, teils sehr komplexe Verarbeitung der Signale erfolgt in verschiedenen Arealen des visuellen Kortex und wird im Bereich des seitlichen Kniehöckers weiter aufgesplittet. So gibt es einen Bereich, das Where-System, welcher für das „Sehen von Bewegung, Dreidimensionalität [und] für die Orientierung im Raum" (Bachmann & Bernhardt 2011) zuständig ist und einen zweiten Bereich, das What-System, welcher sich durch eine „sehr gut aufgelöste[...] Farbwahrnehmung [...] und [eine] langsamere Verarbeitungszeit" (Bachmann & Bernhardt 2011) auszeichnet und somit für die Wahrnehmung von komplexen Strukturen und Details zuständig ist.

2.6.3. Exkurs: Die Problematik der Univarianz und der Metamerie

Wie bereits erwähnt, ist es nicht möglich mit nur einem Photorezeptortyp Wellenlängen zu unterscheiden und somit Farbe zu sehen. Ursache ist das Phänomen der Univarianz: Zwei monochromatische Lichter von gleicher Intensität (z.B. 450 und 625 nm) können die gleiche Rezeptoraktivität innerhalb eines hypothetischen Photorezeptors auslösen (Abb. 8). Infolgedessen können die beiden Farbreize nicht voneinander unterschieden werden. Die Problematik der Univarianz kann sogar noch verstärkt werden: Reduziert man beispielsweise die Intensität eines monochromatischen Lichtes mit der Wellenlänge 525 nm (nicht in der Abbildung dargestellt) so lange bis der hypothetische Photorezeptor nur noch so stark reagiert, wie er auch bei dem monochromatischen Licht mit einer Wellenlänge von 625 nm mit höherer Intensität reagiert hat, können die beiden Reize ebenfalls nicht differenziert werden. (Hagendorf 2011). In der weiteren neuronalen Verarbeitung ist nicht erkennbar, welcher Farbreiz nun die Rezeptoraktivität ausgelöst hat: Die Rezeptoraktivität ist also mehrdeutig.

Durch den Einsatz mehrerer Rezeptoren, wie es im menschlichen Auge der Fall ist, wird dieses Problem gelöst. Im eben angeführten Beispiel können zwei monochromatische Lichter mit einer Wellenlänge von 450 und 625 nm nicht durch die Aktivität von einem Rezeptor unterschieden werden. Trifft das monochromatische Licht mit einer Wellenlänge von 450 nm auf die menschliche Netzhaut, entsteht ein bestimmtes Aktivitätsmuster der drei Zapfen, wobei die Blauzapfen stark und die Grün- und Rotzapfen nur mäßig stark aktiviert werden. Trifft das monochromatische Licht mit einer Wellenlänge von 650 nm auf die menschliche Netzhaut, ergibt sich folgendes Aktivitätsmuster der Zapfen: keine Aktivität der Blauzapfen, mittlere Aktivität der Grünzapfen

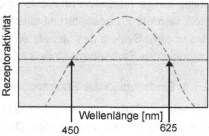

Abb. 8: Phänomen der Univarianz. Zwei monochromatische Lichter (450nm und 625nm) können in Abhängigkeit von ihrer Intensität eine identische Rezeptoraktivität auslösen und sind somit nicht unterscheidbar (Grafik nach Hagendorf 2011; Seite 77).

und starke Aktivität der Rotzapfen. Beide Farbreize lösen unterschiedliche Aktivitätsmuster aus, können somit als unterschiedliche Signale weiter ver-

arbeitet und schließlich als zwei verschiedene Farbempfindungen wahrgenommen werden (Hagendorf 2011).

Auch wenn durch die Etablierung der drei Photorezeptortypen mit unterschiedlichen maximalen Empfindlichkeiten das visuelle System eindeutiger
arbeiten kann, ist es dennoch nicht möglich, jede Farbempfindung eindeutig
einem Farbreiz zuzuordnen. So gibt es Spektren, die zwar verschieden zusammengesetzt sind, also als unterschiedliche Farbreize angesehen werden
und unterschiedliche Farbreizfunktionen aufweisen, aber eine identische
Farbempfindung hervorrufen (Böhringer at al 2011; Welsch & Liebmann
2012). Solche Spektren werden als metamer bezeichnet (Richter 1981).

2.7. Überblick über die wichtigsten Farbmodelle

Anscheinend ist es ein Grundbedürfnis des Menschen, alles ordnen, benen-
nen und messen zu können und so wurde auch vor ‚Farbe' kein Halt gemacht. Bereits 500 v.Chr. versuchte Empedokles Grundfarben zu ordnen
und zu beschreiben (Welsch & Liebmann 2012). In den folgenden 2500 Jahren wurden viele verschiedene Ordnungssysteme und Definitionen für Farbe
entwickelt, etabliert und wieder verworfen. Heutzutage beschäftigt sich die
Wissenschaft im Bereich der Farbmetrik überwiegend damit, Farbe zu messen und durch klare Definitionen reproduzierbar zu machen. Im Folgenden
sollen einige historisch relevante und aktuell genutzte Farbmodelle vorgestellt werden. Zu beachten ist allerdings, dass sich viele dieser Modelle auf
das visuelle System des Menschen beziehen und so nur bedingt für das Verständnis des Farbsehens anderer Organsimen geeignet sind.

2.7.1. Eindimensionale Farbmodelle

Die ersten ‚Farbmodelle', die bereits in der griechischen Antike entwickelt
wurden, sind linear angeordnet. Die wohl ältesten Farbsysteme gehen auf
Empedokles (483-423 v. Chr.), Aristoteles (384-322 v. Chr.) und Platon (428-
348 v. Chr.) zurück, die Grund- und Mischfarben anhand ihrer subjektiven
Einschätzung benannten und in Reihenfolge brachten (Hohmann 2007;
Welsch & Liebmann 2012). Das Modell von Aristoteles besteht aus Farben
mittlerer Sättigung, die anhand ihrer Eigenhelligkeit von Weiß nach Schwarz
angeordnet wurden (Abb. 9). Bis ins 17. Jahrhundert versuchten insbesondere Künstler weitere lineare Farbsysteme zu konzipieren, wobei ihr Haupt-
augenmerk auf der „Benennung von Grund- und Mischfarben" (Welsch &

Liebmann 20012) und deren
Ordnung entsprechend des
subjektiven Empfindens lag.
Die Modelle lieferten keinerlei
Informationen über die Bezie-
hung zwischen verschiedenen
Farben.

Abb. 9: Farbsystem nach Aristoteles.
Das System umfasst, neben Schwarz und Weiß,
eine Reihe von Buntfarben, die als Mischfarben
aus Schwarz und Weiß angesehen werden und
anhand ihrer Eigenhelligkeit geordnet sind (Grafik
nach Welsch & Liebmann 2012; Seite 117).

2.7.2. Zweidimensionale Farbmodelle

Die nächste Generation Farbmodelle wurde meist kreisförmig gestaltet und
die Positionen der Farben im Farbring so gewählt, dass „Beziehungen, Über-
gänge und Mischresultate von Farben" (Welsch & Liebmann 2012) nachvollzogen werden konnten. Das erste ‚echte' Farbmodell wurde 1611 von Aron
Sigfried Forsius entwickelt (Abb. 10). Wie auch bei Aristoteles stellen Weiß
und Schwarz die Grundfarben des Modells dar, aus denen vier Buntfarben
gemischt werden können (Farbimpulse 08.2007).

Forsius ordnete die Grundfarben in verschiedenen Graustufen zwischen
Weiß und Schwarz an, um eine Skala von Hell nach Dunkel zu erzeugen
(Welsch & Liebmann 2012).

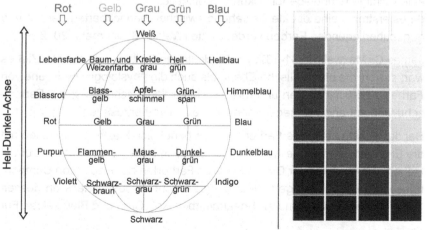

Abb. 10: Farbmodell nach Forsius (1611). Zwischen zwei Grundfarben Weiß und
Schwarz sind vier weitere Grundfarben (Rot, Gelb, Grün und Blau) in verschiedenen Graustufen angeordnet. Links: Ursprüngliche kugelförmige Darstellung (Grafik nach Farbimpulse 08.2007). Oben: Vereinfachte Darstellung aus Welsch & Liebmann (2012); Seite 119.

Einen weiteren Meilenstein im Verständnis von Farbe erreichte Issac Newton 1704, der erstmals einen physikalischen Ansatz zur Erstellung eines Farbmodells wählte. Durch seine Prismenversuche konnte Newton nachweisen, dass weißes Licht mittels Prisma in sieben Spektralfarben zerlegt bzw. farbiges Licht durch eine Linse zu weißem Licht zusammengeführt werden kann (Hohmann 2007). In seinem Farbmodell stellte Newton die sieben Spektralfarben (Rot, Orange, Gelb, Grün, Cyanblau, Ultramarinblau und Violett) ringförmig dar, schloss die Farbe Schwarz aus dem Modell aus und respektierte so erstmals physikalische Aspekte von Lichtfarbe. Die Anordnung der Farben berücksichtigte allerdings, wie auch bisherige Modelle, lediglich den psychologischen Aspekt von Farbe: Zwei physikalisch vollkommen unterschiedliche Farbreize, kurzwelliges Violett und langwelliges Rot, wurden aufgrund der ähnlichen Farbempfindung nebeneinander angeordnet (Abb. 11). Dennoch bildete Newtons Modell eine wichtige Grundlage für zukünftige Modelle,

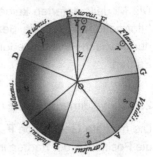

Abb. 11: Farbmodell nach Newton (1704). Dargestellt sind die sieben Spektralfarben, die durch Lichtbrechung aus weißem Licht entstehen. Newton ordnet die Farben analog zur physiologischen Wahrnehmung an, sodass langwelliges Rot neben kurzwelligem Violett liegt (Grafik aus Welsch & Liebmann 2012; Seite 119).

da es erstmals eine direkte Beziehung zwischen benachbarten Farben und gegenüberliegenden Farben verdeutlichte (Welsch & Liebmann 2012).

James C. Maxwell (1831-1879) entwickelte ein Farbmodell, dessen Ziel es war, sowohl die physikalische Ebene als auch die physiologische Ebene von Farbe zu berücksichtigen und das eine Möglichkeit schaffen sollte, Farbmischungen anhand von gegebenen Lichtreizen vorherzusagen.

Bei der Konstruktion des Farbendreiecks berief sich Maxwell zum einen auf die Erkenntnisse von Newton, Young und Helmholtz[7], zum anderen auf die Hebelgesetze, die er zur Darstellung von Farborten heranzog (von Campenhausen 1981). Grundlage bildete ein gleichschenkliges Dreieck an dessen Spitzen Maxwell die primären Spektralfarben Rot, Grün und Blau setzte. Für

---

7   Maxwell berücksichtigte bei der Erstellung des Modells die Regeln der additiven Farbmischung sowie die Hypothese, dass im menschlichen Auge drei Photorezeptortypen für die Farbwahrnehmung verantwortlich sind.

jede der Spektralfarben konnte eine Reizgröße ermittelt werden, die quasi wie ein Gewicht wirkt und aus der ein Schwerpunkt ermittelt werden kann, der den Ort der Mischfarbe wiederspiegelt (von Campenhausen 1981; Richter 1981). Die folgenden Beispiele aus von Campenhausen 1981 sollen dieses Prinzip verdeutlichen: Gegeben sind drei verschiedene Reizgrößen L (eine für jede Spitze des Dreiecks), wobei die Reizgröße für Rot Null beträgt ($L_R = 0$) und die Reizgrößen für Grün und Blau identisch sind ($L_G = L_B$). Berücksichtigt man nun, dass die Reize wie Gewichte wirken, muss man gleich viele Einheiten von der blauen Ecke und der grünen Ecke aufeinander zugehen, um den Farbort der Mischfarbe F1 zu erhalten (Abb. 12; links). Dieses Prinzip gilt auch, wenn ein dritter Reiz mit einer bestimmten Reizgröße hinzukommt. In diesem Fall wirkt das Gewicht der dritten Reizgröße (L_R) ausgehend von F1 in Richtung der roten Ecke (Abb. 12; rechts) und man erhält den Farbort der Mischfarbe F2. Bei identischer Reizgröße aller drei Reize ($L_R = L_G = L_B$) erhält man Weiß.

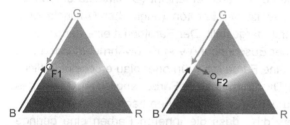

Abb. 12: Ermittlung eines Farbortes mit Hilfe des Maxwell Farbdreieck. Mit Hilfe des Farbdreiecks kann ein Farbort mittels gegebenen Reizgrößen ermittelt werden. Die Ermittlung der Farborte beruht auf der Anwendung der Hebelgesetze und der damit einhergehenden Annahme, dass die Reizgröße wie Gewichte wirken. Links: Die beiden Farbreize Grün und Blau sind gleich groß ($L_B = L_G$), sodass der gesuchte Farbort (F1) auf der Mitte der Geraden zwischen den Punkten G (= Grün) und B (= Blau) liegt. Rechts: Kommt ein dritter Reiz mit einer bestimmten Größe hinzu (hier L_R), wird dieses „Gewicht" zu den bisherigen „Gewichten" addiert und man erhält einen neuen Farbort (F2). Erstellung des Maxwell Dreiecks mittels efg's Computer Lab and Reference Library (2005); modifizierte Darstellung.

Die Beispiele zeigen, dass eine Trivalenz der Farben tatsächlich existiert: man benötigt genau drei Maßzahlen, um eine wahrgenommene Farbe zu beschreiben (Welsch & Liebmann 2012). Das System der Beschreibung von Farbe durch drei Maßzahlen (oder Vektoren) wird von nun an in allen folgenden Farbmodellen berücksichtigt. Dennoch zeigt das Farbdreieck zwei große Nachteile: 1. Nicht alle wahrnehmbaren Farben sind mit Hilfe des Modells zu berechnen und darzustellen und 2. Aufgrund der Zweidimensionalität lassen sich nur zwei Farbparameter (hier: Farbton und Sättigung) darstellen; die Helligkeit der Farben wird nicht wiedergegeben (Welsch & Liebmann 2012).

2.7.3. Das Munsell-Farbmodell

Einen wesentlichen Beitrag zur Ordnung der Farben lieferte 1915 Albert H. Munsell (1858-1918) mit einem Modell, welches erstmals versuchte, Farbe durch die drei Farbparameter, Farbton, Helligkeit und Chroma, zu beschreiben und somit sehr stark die psychologische Ebene von Farbe berücksichtigte (Welsch & Liebmann 2012; Official site of Munsell Color 2013). Die Farben werden entlang von drei Raumachsen, die jeweils einen Farbparameter wiederspiegeln, angeordnet (Abb. 13). Auf der y-Achse (von oben nach unten verlaufend) wird die Helligkeit (englischer Originalbegriff: „value") in zehn Stufen wiedergegeben, wobei Schwarz der Helligkeitswert null und Weiß der Helligkeitswert zehn zugeordnet wird. Die Helligkeit gibt Auskunft darüber, wie hell oder dunkel eine Farbe erscheint (Official site of Munsell Color 2013). Auf der x-Achse ist der Farbton (englischer Originalbegriff: „hue") ebenfalls in zehn Stufen dargestellt. Der Farbton ist eine der grundlegenden Eigenschaften bei der Beschreibung von Farbwahrnehmungen und gibt an, ob dem Betrachter eine Farbe rot, grün oder blau erscheint (Official site of Munsell Color 2013). Die Chroma einer Farbe (englischer Originalbegriff: „chroma") wird entlang der z-Achse von innen nach außen mit zunehmender Stärke aufgetragen, d.h., dass die inneren Farben eine geringe Chroma, die äußeren Farben eine hohe Chroma aufweisen[8]. Die Chroma einer Farbe ändert sich durch die stufenweise Beimischung von Grau zu einer reinen Farbe mit definiertem Farbton. Wichtig hierbei ist, dass das Grau die gleiche Helligkeit wie die Farbe, zu der es beigemischt wird, aufweist (Official site of Munsell Color 2013). Während Munsell für die Parameter Farbton und Helligkeit jeweils zehn Abstufungen festlegte, variiert die Anzahl der Abstufungen für den Parameter Chroma in Abhängigkeit von der Helligkeit und dem Farbton. So gibt es für Rot mittlerer Helligkeit mehr Chroma-

---

8   Die Chroma des Munsell-Modells ist ein Paradebeispiel dafür, dass keine Einigkeit
     über die Definition von Farbparametern herrscht, denn je nach Quelle werden Chroma
     (X-Rite 2014), Buntwert (X-Rite 2014), Brillanz (Official site of Munsell Color 2013),
     Sättigung (Welsch & Liebmann 2012; Official site of Munsell Color 2013) und Farbig-
     keit (Welsch & Liebmann 2012) synonym verwendet.

Abstufungen, also höhere Chromawerte, als für ein Blau mittlerer Helligkeit (vgl. Abb. 13; rechts).

Ein entscheidender Vorteil des Munsell-Modells ist die eindeutige Kennzeichnung von mehreren hundert Farben mittels einer Codierung aus Buchstaben und Ziffern[9]. Heute wird das Modell vor allem zum Abgleich von Farben verwendet. Hierfür vergleicht man ,seine' Farbe mit den gedruckten Mustern aus einem Munsell-Farbatlas (als Referenz) und kann dank der eindeutigen Codierung ,seine' Farbe identifizieren (Official site of Munsell Color 2013).

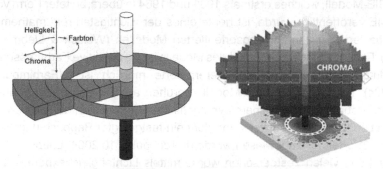

Abb. 13: Farbmodell nach Munsell. Die Farben sind in einem dreidimensionalen Raum, dem Farbbaum, angeordnet und werden durch drei Farbparameter charakterisiert. Die Helligkeit (englisch: „value") ist in 10 Stufen gegliedert und ist von oben (= hell) nach unten (= dunkel) auf einer im Inneren des Farbraums liegenden Achse aufgetragen. Die Chroma (englisch: „chroma") verändert sich von innen (= geringe Chroma) nach außen (= hohe Chroma). Der Farbton (englisch: „hue") verändert sich kreisförmig. Der rechte Abbildungsteil zeigt deutlich, dass der Farbbaum nicht gleichmäßig kugelförmig aufgebaut ist. So können in Abhängigkeit von Farbton und Helligkeit unterschiedlich viele Chromastufen auftreten (Rot weist bei mittlerer Helligkeit mehr Chromastufen auf als Blau bei ähnlicher Helligkeit). Linke Grafik aus Rus (2007) (veröffentlicht auf wikipedia.org; bearbeitet); rechte Grafik aus Official site of Munsell Color (2013).

2.7.4. Genormte Modelle der Comission International de L'Éclairage (CIE)

Die Festlegungen der bisher vorgestellten Farbmodelle sind willkürlich gewählt und orientieren sich sehr stark an der persönlichen, subjektiven Wahrnehmung von Farbe. Zudem sind einige der Modelle nicht eindeutig und schwer zu reproduzieren. Abhilfe sollten genormte Farbmodelle schaffen, de-ren Ziel „die Ermittlung von genaueren Farb(mess)werten, [...] die Schaf-

---

9   5R 6/14 beschreibt eine Farbe mit dem Farbton ‚Rot', einer mittleren Helligkeit und einem hohen Chromawert.

fung eines wahrnehmungsorientieren, gleichabständigen Farbsystems [...] [und] die Einbeziehung von physikalisch-visuelle[n] Farberscheinungen" (Welsch & Liebmann 2012) ist. Zudem sollen die Modelle eindeutig und leicht anwendbar sein. Die wohl wichtigsten Modelle mit einem sehr breitem Anwendungssektrum sind die genormten Modelle der Comission International de L'Éclairage (CIE).

Das CIE-Modell

Das CIE-Modell, welches erstmals 1931 und 1964 in überarbeiteter Form von der CIE veröffentlich wurde, ist heute eines der wichtigsten rein mathematisch-basierten, wahrnehmungsorientierten Modellen (Welsch & Liebmann 2012). Ein entscheidender Vorteil des Modells ist die objektive Farbmessung, die durch den Verzicht auf Referenzwerte möglich ist[10] (Farbimpulse 10.2004). Die Annahmen des Modells beruhen auf der Verwendung eines Normalbeobachters, also einem hypothetischen Beobachter, der ein normales Farbsehvermögen aufweist und dem ein festgelegter Beobachtungswinkel von 2° oder 10° zugewiesen wurde (Farbimpulse 10.2004; Lübbe 2011). Anhand von vielen Testpersonen wurde mittels Lichtabgleichexperimenten ermittelt, in welchem Ausmaß die Photorezeptoren eines Menschen auf verschiedene Farbreize reagieren. Hierzu wurden einer Reihe von Testpersonen verschiedene Ziellichter im Wellenlängenbereich von 400 bis 700 nm und ein Mischlicht aus rotem, grünem und/oder blauem Licht nebeneinander präsentiert[11]. Für das rote Licht wurde ein monochromatisches Licht mit einer Wellenlänge von 700,0 nm, für das grüne Licht eines mit 546,1 nm und für das blaue Licht eines mit einer Wellenlänge von 435,8 nm verwendet. Die Testperson sollte nun durch Veränderung der Intensität der Lichter, die die Mischfarbe erzeugen (also rotes, grünes und blaues Licht) bewerkstelligen, dass das vorgegebene Ziellicht und das regulierte Mischlicht miteinander übereinstimmten (Lübbe 2013). So konnten für jede Wellenlänge der geteste-

---

10 In vielen Modellen, u.a. auch dem Modell nach Munsell, werden Farben durch den Vergleich mit Referenzfarben hergestellt oder identifiziert. Man benötigt also einen Farbatlas, der die Referenzfarben enthält und gleicht seine Farbe so lange mit der Referenzfarbe ab bis beide übereinstimmen. Dieser Vorgang ist höchst subjektiv und bietet keine Möglichkeit der zuverlässigen Reproduktion von Farbe.

11 Für den 2°-Beobachter wurden die Lichter mit einem Durchmesser von 1,4 cm in einem Abstand von 40 cm präsentiert. Für den 10°-Beobachter wurden Lichter mit einem Durchmesser von 7,0 cm bei einem Beobachtungsabstand von 40 cm verwendet.

ten Ziellichter, drei Intensitätswerte, die bei der Einstellung der Mischfarbe verwendet wurden, ermittelt werden (Lübbe 2013). Man erhält die sogenannten Spektralwertfunktionen oder Tristimulusfunktionen ($\bar{b}_\lambda$, $\bar{g}_\lambda$, $\bar{r}_\lambda$) der Primär-valenzen (B(λ), G(λ), R(λ)) (Abb. 14; links), die wiedergeben, wie viele Blau-, Grün- und Rotanteile benötigt werden, um eine bestimmte Farbwahr-nehmung zu erzeugen (Hampel-Vogedes 2004).

Da die Spektralwertfunktionen der Primärvalenzen auch negative Werte annehmen können, werden sie linear transformiert und man erhält die sogenannten Normspektralwertfunktionen ($\bar{z}_\lambda$, $\bar{y}_\lambda$, $\bar{x}_\lambda$) der Normvalenzen (Z(λ), Y(λ), X(λ)) (Abb. 14; rechts) (Lübbe 2013), wobei Z(λ) der ursprünglichen Blauvalenz, Y(λ) der ursprünglichen Grünvalenz und X(λ) der ursprünglichen Rotvalenz entspricht (Bachmann & Bernhardt 2011). Die Normfarbwerte der Normvalenzen (Z(λ), Y(λ), X(λ)) werden folgendermaßen zu den Normfarb-wertanteilen $x_{(\lambda)}$, $y_{(\lambda)}$ und $z_{(\lambda)}$ transformiert (Lang 2004):

$$x = \frac{X}{(X+Y+Z)} \qquad y = \frac{Y}{(X+Y+Z)} \qquad z = \frac{Z}{(X+Y+Z)}$$

Die Normfarbwertanteile geben die Farborte auf der CIE-Normtafel wieder (Farbimpulse 10.2004; Lübbe 2013).

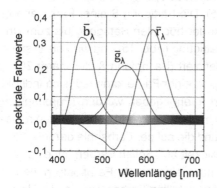 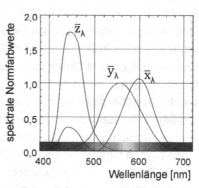

Abb.14: Spektralwertfunktionen & Normspektralwertfunktionen. Links: Dargestellt sind die ermittelten Spektralwerte für drei reelle, spektralreine Primärvalenzen mit λ_R = 700,0 nm, λ_G = 546,1 nm und λ_B = 435,8 nm. Diese Primärvalenzen wurden genutzt, um Mischfarben herzustellen, die Testpersonen mit festgelegten Ziellichtern vergleichen sollten. Rechts: Die ermittelten Spektralfarbwerte (hier für den 2°-Beobachter) wurden durch die CIE normiert, um die negativen Bereiche zu korrigieren und stellen die Photorezeptoreigenschaften des Normalbeobachters dar (Grafik nach Fairchild 2005; Seite 72 & 73).

Die CIE-Normfarbtafel ist im Grunde ein zweidimensionales Modell mit einer x- und einer y-Achse und kann zwei Farbparameter, Farbton T und Sättigung S (Farbimpulse 10.2004), abbilden. Die sogenannte Farbsohle (Abb. 15) wird zur einen Seite durch den Spektralfarbenzug und zur anderen Seite durch die Purpurlinie begrenzt. Auf dem Spektralfarbenzug sind die Farborte der monochromatischen Lichter mit einer Wellenlänge von 380 bis 780 nm aufgetragen (Beyerer et al 2012). Die Purpurlinie verbindet den Farbort des monochromatischen Lichtes der kürzesten Wellenlänge (380 nm) mit dem Farbort des monochromatischen Lichtes der längsten Wellenlänge (780 nm), also die Endpunkte des Spektralfarbenzugs, miteinander (Beyerer et al 2012). Auf dieser Linie liegen die Purpurfarben (z.B. Magenta), die im Sonnenlichtspektrum fehlen (Farbimpulse 10.2004). Im Inneren der Farbsohle (y = 0,333; x = 0,333) liegt der Unbuntpunkt E (Bachmann & Bernhardt 2011). Zur Berechnung des Unbuntpunktes wird in der Regel das Normlicht D65 als Beleuchtungsstandard verwendet (Hampel-Vodges 2004). Aus den Normfarbwertanteilen x(λ), y(λ) und z(λ) der ermittelten Normspektralwertfunktionen lässt sich die Lage des gewünschten Farbortes auf der CIE-Normfarbtafel berechnen (Böhringer et al 2011)[12]. Der Farbton T eines Farbortes kann mittels einer Geraden, die vom Unbuntpunkt durch den Farbort zum Spektralfarbenzug verläuft, ermittelt werden (Abb. 15). Die Sättigung S einer Farbe ändert sich vom Spektralfarbenzug als Punkt der höchsten Sättigung bis zum Unbuntpunkt als Punkt der niedrigsten Sättigung (Abb. 15) und wird als Distanz zwischen Farbort und Unbuntpunkt definiert (Bachmann & Bernhardt 2011; Welsch & Liebmann 2012). Die Helligkeit einer Farbe kann lediglich indirekt über die Angabe des Hellbezugswert Y angegeben werden (Farbimpulse 10.2004). Dies funktioniert folgendermaßen: Der Farbsohle wird ein bestimmter Hellbezugswert zugeordnet und die auf der Farbsohle dargestellten Farben weisen folglich die gleiche Helligkeit auf. Sollen Farben mit einer anderen Helligkeit dargestellt werden, muss eine zweite Farbsohle generiert werden (auch hier weisen dann alle dargestellten Farben die gleiche Helligkeit auf). Die verschiedenen Farbsohlen können als Ebenen in einen dreidimensionalen Farbenberg integriert werden (Abb. 15; rechts) (Welsch & Liebmann 2012).

---

12 Da für die Normfarbwertanteile der Zusammenhang x + y + z = 1 gilt, reichen zwei Koordinaten aus, um den Farbort eindeutig zuzuordnen. So wird auch verständlich, warum das CIE-Modell im Grunde ein zweidimensionales Modell ist.

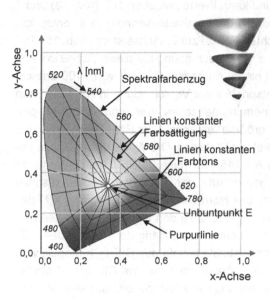

Abb. 15: CIE-Normfarbtafel (1931). Darstellung einer Ebene des CIE-Modells, der sogenannten Farbsohle. Die Farbsohle wird durch den Spektralfarbenzug und die Purpurlinie begrenzt. Innerhalb dieser Begrenzung können alle durch additive Farbmischung herstellbaren Farben dargestellt werden. Die Farbparameter Farbton T und Sättigung S können direkt aus der Farbsohle abgelesen werden. Die Helligkeit Y ist innerhalb einer Farbsohle für alle Farborte identisch. Die Darstellung der Helligkeit Y kann nur durch Überlagerung mehrerer Farbsohlen (jede mit eigenem Helligkeitswert) zu einem Farbenberg erfolgen (oben rechts) (Grafik nach Beyerer et al 2012; Seite 216 & Bachmann & Bernhardt 2011; Seite K03).

Weiterentwicklung des CIE-Modells zum CIE-L*a*b*-Modell und dem CIE-LCh -Farbraum:

1976 veröffentlichte die CIE ein modifiziertes Farbmodell, das <u>CIE-L*a*b*-Modell</u>, welches gewährleisten sollte, dass die Abstände der Farborte im Modell den vom Menschen wahrgenommen Farbunterschieden entsprechen: es sollte gleichabständig sein (Böhringer et al 2011; Lübbe 2011).

Das CIE-L*a*b*Modell ist kugelförmig aufgebaut und weist somit drei Achsen auf, die jeweils eine Kenngröße wiedergeben (Abb. 16). Die erste Kenngröße L* steht für Helligkeit (englischer Originalbegriff: „lightness"), verläuft entlang einer

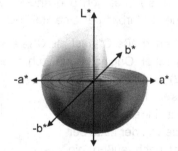

Abb. 16: CIE-L*a*b*-Modell. Das kugelförmige Modell ist eine Weiterentwicklung des CIE-Modells. Auf der L*-Achse wird die Helligkeit (= „lightness") von 0 (schwarz) bis 100 (weiß) dargestellt. Die a*-Achse (= Rot-Grün-Achse) kann Werte von +100 (rot) bis -150 (grün) annehmen. Die b*-Achse (= Blau-Gelb-Achse) kann Werte von-100 (blau) bis +150 (gelb) annehmen (Grafik nach Brümmer 2003; Seite 11).

senkrechten Helligkeitsachse und kann Werte zwischen 100 (= Weiß) und 0 (= Schwarz) annehmen (Lübbe 2011). Die zweite Kenngröße a* entspricht der Rot-Grün-Achse, die im rechten Winkel zur L*-Achse steht (Abb. 16). Positive Werte für a* entsprechen einer Verschiebung auf dieser Achse in Richtung Rot, wobei reines Rot bei einem numerischen Wert von +100 erreicht ist. Ein negativer Wert für a* entspricht einer Verschiebung in Richtung Grün mit einem reinen Grün bei einem numerischen Wert von -150 (Hampel-Vogedes 2004). Die dritte Kenngröße b* entspricht der Blau-Gelb-Achse und steht ebenfalls im rechten Winkel zur L*-Achse. Die Werte dieser Achse reichen von -100 für reines Blau bis +150 für reines Gelb (Hampel-Vogedes 2004). Das CIE-L*a*b*-Modell beruht auf einer komplexen mathematischen Umwandlung der Normfarbwerte des Normvalenzen $Z(\lambda)$, $Y(\lambda)$ und $X(\lambda)$ des vorgestellten CIE-Modells[13]. Im Gegensatz zu den bisher dargestellten Modellen können die Farbparameter nicht direkt entlang der Achsen des CIE-L*a*b*-Modells abgelesen werden. Abhilfe schafft das CIE-LCh-Modell, welches die gleichen mathematischen Annahmen wie das CIE-L*a*b*-Modell macht, aber eine alternative Benennung der Kenngrößen, also eine alternative Benennung der Achsen, verwendet (Lübbe 2011).

Die Kenngröße L* bleibt weiterhin als Helligkeit (englischer Originalbegriff: „lightness") bestehen und ändert sich von oben nach unten, sodass jede Ebene im Farbkörper eine Helligkeitsstufe abbildet (Abb. 17) (Lübbe 2011).

Die Kenngröße C^*_{ab} ist als $C^*_{ab} = \sqrt{a^{*2} + b^{*2}}$ definiert und gibt die Buntheit (englischer Originalbegriff: „chroma") wieder (Lübbe 2011; Beyerer et al 2012)[14]. Die Buntheit eines Farbeindrucks nimmt innerhalb einer Ebene von der Mitte der Kugel nach außen hin zu und kann als Distanz zwischen Unbuntpunkt und Farbort gemessen werden (Abb. 17). Die

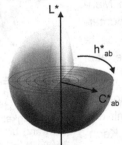

Abb. 17: CIE-LCh-Modell. Das kugelförmige Modell ist eine Weiterentwicklung des CIE-L*a*b*-Modells. Die Kenngröße L* bleibt weiterhin als Helligkeit definiert. Die zweite Kenngröße C^*_{ab} gibt die Buntheit an. Sie nimmt vom unbunten Mittelpunkt nach außen hin zu. Die dritte Kenngröße h^*_{ab} gibt den Buntton(winkel) an (Grafik nach Brümmer 2003; Seite 11).

---

13 Aufgrund der Komplexität wird auf eine detaillierte Ausführung der Umrechnung verzichtet. Bei Bedarf kann diese in Beyerer et al (2012) nachvollzogen werden.

14 In vielen Quellen wird Sättigung synonym zu Buntheit verwendet (vgl. Brümmer 2003; Böhringer et al 2011; Welsch & Liebmann 2012).

dritte Kenngröße h_{ab} beschreibt den Buntton (englischer Originalbegriff „hue") bzw. den Bunttonwinkel und berechnet sich als $h_{ab} = \arctan\left(\frac{b^*}{a^*}\right)$ (Lübbe 2011; Beyerer et al 2012)[15]. Der Buntton verändert sich entlang des Kugeläquators (Abb. 17).

2.7.5. RGB-Modell und CMY(K)-Modell

Während die bisherigen Modelle, insbesondere die von der CIE veröffentlichten Modelle, auf die allgemeine Nutzung ausgelegt sind, wurden das RGB-Modell und das CMYK-Modell für spezielle Anwendungsgebiete konzipiert (Beyerer et al 2012).

Das RGB-Modell:

Der RGB-Farbraum wird für alle gängigen elektronischen Anzeigesysteme, wie Farbmonitore, Scanner und Digitalkameras, verwendet (Böhringer et al 2011). Der Farbraum beruht auf dem Prinzip der additiven Farbmischung und nutzt die spektralen Primärfarben Rot (R), Grün (G) und Blau (B) als Grundlage zur Darstellung der resultierenden Mischfarben. Die drei primären Lichtfarben „bilden […] die x-, y- und z-Achse eines kartesischen Koordinatensystems" (Farbimpulse 01.2005), wobei Rot auf der x-Achse, Blau auf der y-Achse und Grün auf der z-Achse dargestellt wird (Abb. 18).

Ein Farbort kann folglich durch die drei Koordinatenwerte für Rotanteil, Grünanteil und Blauanteil {R-G-B} angegeben werden. Die Werte reichen dabei von Null für minimalen Farbanteil bis 255 für maximalen Farbanteil[16] (Böhringer et al 2011).

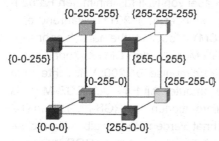

Abb. 18: RGB-Modell. Die drei primären Lichtfarben Rot, Grün und Blau werden in ein dreidimensionales Koordinatensystem eingetragen. Ein Farbort kann durch die drei Farbanteile {R-G-B} angegeben werden, wobei Werte zwischen Null (minimaler Farbanteil) und 255 (maximaler Farbanteil) angenommen werden können (Grafik nach Hampel-Vogedes 2004; Seite 8).

---

15 Je nach Quelle wird neben Buntton auch der Begriff Farbton bzw. Bunttonwinkel und Farbtonwinkel verwendet (vgl. Brümmer 2003; Böhringer et al 2011; Lübbe 2013).

16 Beispiel: Ein Farbort mit der Codierung 255-255-0 enthält 255 Roteinheiten, 255 Grüneinheiten und Null Blaueinheiten und entspricht einem gelben Farbeindruck.

Das CMY(K)-Modell:

Der CMYK-Farbraum dient als Grundlage für gängige Drucksysteme, die den Vierfarbendruck nutzen (Hampel-Vogedes 2004). Der Farbraum nutzt das Prinzip der subtraktiven Farbenmischung und basiert auf der Mischung von Farben aus den primären Körperfarben Cyan (C), Magenta (M) und Gelb (Y für Yellow) (Böhringer et al 2011). In der Theorie reichen diese drei Farben aus, um reines Schwarz zu erzeugen, praktisch erhält man bei der Mischung von Cyan, Magenta und Gelb aber eine braun-graue Farbe (Welsch & Liebmann 2012). In der Drucktechnik wird daher eine vierte Farbe, nämlich reines Schwarz (K für Key), eingesetzt, um den Druck kontrastreicher zu gestalten. Problematisch ist so allerdings die visuelle Darstellung des CMYK-Farbraums, da vier Komponenten untergebracht werden müssten. So wird zur visuellen Darstellung oftmals der CMY-Farbraums genutzt. Die Darstellung ist hingegen sehr simpel und erfolgt analog zum RGB-Modell, also in einem kartesischen Koordinatensystem mit drei Achsen (Abb. 19).

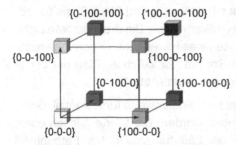

Abb. 19: CMY(K)-Modell. Die drei primären Körperfarben Cyan, Magenta und Gelb (Y für Yellow) werden in ein dreidimensionales Koordinatensystem eingetragen. Ein Farbort kann durch die drei Farbanteile {C-M-Y} angegeben werden, wobei Werte zwischen Null (minimaler Farbanteil) und 100 (maximaler Farbanteil) angenommen werden können (Grafik nach Hampel-Vogedes 2004; Seite 8).

Die Kennzeichnung der Farborte erfolgt durch Angabe der Farbanteile Cyan, Magenta und Gelb {C-M-Y} und reicht dabei von Null für minimalen Farbanteil bis 100 für maximalen Farbanteil (Böhringer et al 2011). Während eine Transformation vom RGB-Modell zum CMY-Modell mathematisch sehr simpel ist, erfolgt die Umwandlung des RGB-Modells zum CMYK-Modell durch Anwendung komplexer Algorithmen (Farbimpulse 01.2005). Möchte man also eine farbige Fläche, die man am Computer mit Hilfe des RGB-Modells erstellt hat, ausdrucken, müssen die Informationen des RGB-Modells in Datenpunkte des CMYK-Modells umgerechnet werden. Zudem gibt es verschiedene Varianten der beiden Modelle, wie beispielsweise das sRGB- oder das ECI RGB-Modell (Böhringer et al 2011), die sich leicht in der Art der Farbortberechnung unterscheiden. All diese Faktoren führen dazu, dass es bei dem

Druck von am Computer generierten Farben zu Farbverschiebungen zwischen Darstellung am Monitor und gedrucktem Ergebnis auf dem Papier kommt. In beiden Modellen wird sinnvollerweise auf die direkte Definition von Kenngrößen wie Farbton, Sättigung und Helligkeit verzichtet, da beide Modelle nicht die psychologische Ebene von Farbe, also die Farbwahrnehmung durch den Menschen, berücksichtigen.

2.8. Die Physiologie des Sehsystems der Echten Bienen (Apidae)

2.8.1. Der Bau des Bienenauges

Vertreter aus der Familie der Echten Bienen (Apidae) weisen ein klassisches Appositionsauge, also eine spezielle Form des Facettenauges, auf (Scharstein & Stommel 2010). Ein Facettenauge ist ein komplexes Auge, welches aus bis zu mehreren tausend Einzelaugen, den Ommatidien, aufgebaut sein kann (Abb. 20). Die Anzahl der Ommatidien pro Facettenauge einer Honigbiene wird mit 4300 bis 5500 (Ø 5000) angegeben (Skrzipek & Skrzipek 1971; Ribi 1979; Lehrer 1998; Munk 2011). An der Oberseite wird das Ommatidium durch eine bikonvexe, stark lichtbrechende Cornealinse aus Chitin abgeschlossen. An die Cornealinse schließt der Kristallkegel, der der Weiterleitung und Bündelung des Lichtes dient, an (Scharstein & Stommel 2010). Cornealinse und Kristallkegel bilden zusammen den dioptrischen Teil des Ommatidiums (Munk 2011). Nachfolgend liegen die Sehzellen (= Retinulazellen), die den rezeptiven Teil des Ommatidiums darstellen. Bei der Biene sind pro Ommatidium neun Retinulazellen R1-9 ausgebildet, von denen die Retinulazellen R1-8 radiär angeordnet sind und die Retinulazelle R9 an der Basis des Ommatidiums liegt (Menzel & Blakers 1976; Horridge 2009; Scharstein & Stommel 2010). Die Retinulazellen (R1-8) weisen einen zur

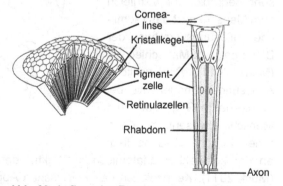

Abb. 20: Aufbau des Facettenauges und eines Ommatidiums. Mehrere tausend Ommatidien sind halbkugelförmig zu einem Facettenauge angeordnet. Das Ommatidium besteht aus einem dioptrischen Teil (Cornealinse und Kristallkegel) und einem rezeptiven Teil (Retinulazellen) (Grafik nach Munk 2011; Seite 532).

Mitte des Ommatidiums ausgerichteten Mikrovillisaum (= Rhabdomer) auf, in den die Sehpigmente eingelagert sind (Munk 2011). Bei Bienen bilden die Rhabdomere aller neun Retinulazellen ein zentrales Rhabdom, wobei die Retinulazellen durch eine Zellmembran voneinander getrennt bleiben (Scharstein & Stommel 2010). Bei dem Rhabdom handelt es sich also lediglich um eine funktionelle Einheit als Lichtleiter. Die einzelnen Ommatidien sind in einem hexagonalen Muster, wie eine Art Halbkugel, angeordnet und bilden zusammen das Facettenauge (Scharstein & Stommel 2010). Durch diese Art der Anordnung weist jedes Ommatidium eine individuelle Ausrichtung auf und blickt im Vergleich zu seinem Nachbarommatidium in eine andere Richtung. Diese Ausrichtung kann durch den Divergenzwinkel $\Delta\Phi$, also dem Winkel zwischen den optischen Achsen zweier benachbarter Ommatidien, charakterisiert werden (Scharstein & Stommel 2010).

Der Divergenzwinkel $\Delta\Phi$ hängt von dem Durchmesser der Cornealinse D und dem Radius des Facettenauges R ab (Abb. 21). Eine weitere wichtige Größe, die durch die Anatomie des Auges bestimmt wird, ist der Öffnungswinkel $\Delta\rho$ des Rhabdoms. Dieser Winkel hängt von dem Durchmesser d des Rhabdoms ab und entscheidet darüber, wieviel Licht in das Rhabdom fällt (Scharstein & Stommel 2010). Das räumliche Auflösungsvermögen des Facettenauges hängt von dem Divergenzwinkel $\Delta\Phi$ und dem Öffnungswinkel $\Delta\rho$ der Ommatidien ab und ist sehr begrenzt. Im Vergleich zum Menschen ist das räumliche Auflösungsvermögen der Biene ca. 120 Mal schlechter (Munk 2011). Das zeitliche Auflösungsvermögen ist bei der Biene im Gegensatz zum Menschen wesentlich höher. Eine mögliche Ursache liegt

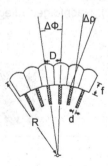

Abb. 21: Darstellung von Divergenzwinkel $\Delta\Phi$ und Öffnungswinkel $\Delta\rho$. Der Divergenzwinkel $\Delta\Phi$ wird durch den Durchmesser der Cornealinse D und den Radius des Facettenauges R. Der Öffnungswinkel $\Delta\rho$ ist abhängig von dem Rhabdomdurchmesser d. ,f' gibt die Brennweite an (Grafik aus Scharstein & Stommel 2010; Seite 330).

an der kompakten anatomischen Struktur der neuronalen Verarbeitung (Munk 2011). Kennzeichen des klassischen Appositionsauges ist die vollständige Trennung der einzelnen Ommatidien durch die Integration von Pigmentzellen (Scharstein & Stommel 2010).

Kristallkegel und Retinulazellen werden von zwei Hauptpigmentzellen, die Pteridine als Farbstoff enthalten, und mehreren Nebenpigmentzellen, die

Ommochrome als Farbstoff enthalten, gegen Streulicht abgeschirmt (Scharstein & Stommel 2010). Folge dieser Abschirmung ist eine gewisse räumliche Trennung der Photorezeption bei der jedes Ommatidium als kleine eigenständige Einheit zur Wahrnehmung von Farbreizen angesehen werden kann. Jedes Ommatidium liefert eine visuelle Information, eine Art Bildpunkt, die in der neuronalen Verarbeitung mit den Informationen der anderen Ommatidien verknüpft wird und so zu einem Gesamtbild zusammengesetzt wird (Scharstein & Stommel 2010).

Bienen gehören, wie auch der Mensch, zu den Organismen, die über ein trichromatisches Sehvermögen verfügen. Im Vergleich zum Menschen ist der wahrnehmbare Bereich elektromagnetischer Strahlung um ca. 100 nm in den kurzwelligen Bereich verschoben und reicht von ca. 310 bis 650 nm (Kühn 1927). Die drei Photorezeptortypen sind sensitiv für den ultravioletten, den blauen oder den grünen Wellenlängenbereich und werden demnach als S-Rezeptor oder UV-Rezeptor, M-Rezeptor oder B(lau)-Rezeptor und L-Rezeptor oder G(rün)-Rezeptor bezeichnet (Abb. 22.).

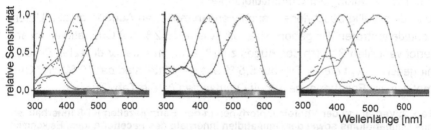

Abb. 22: Relative Sensitivitäten der drei Photorezeptortypen verschiedener Vertreter der Echten Bienen (Apidae). Aufgetragen ist jeweils die relative Sensitivität der Photorezeptortypen gegen die Wellenlänge. Links: *Apis mellifera*. Mittig: *Bombus terrestris*. Rechts: *Melipona quadrifasciata* (Grafik nach Peitsch et al 1992; Seite 31-33).

Die Absorptionsmaxima der Photorezeptortypen der Westlichen Honigbiene *Apis mellifera* liegen bei 344, 436 und 544 nm[17] (Abb. 22; links) (Peitsch et al 1992). Für die Dunkle Erdhummel *Bombus terrestris* liegen die Absorptionsmaxima bei 328, 428 und 536 nm[18] (Abb. 22; mittig) und sind im Vergleich

---

17 Nach Menzel & Backhaus (1991) liegen die Absorptionsmaxima für *A. mellifera* bei 344, 436 und 556 nm.
18 Nach Skorupski et al (2007) liegen die Absorptionsmaxima für *B. terrestris dalmatinus* (häufig als Laborvolk genutzt) bei 348, 435 und 533 nm.

zur Honigbiene in den kurzwelligen Wellenlängenbereich verschoben (Peitsch et al 1992). Die Absorptionsmaxima der Photorezeptortypen von *Melipona quadrifasciata* liegen bei 356, 428 und 528 nm[19] (Abb. 22; rechts) (Peitsch et al 1992).

Die Verteilung der Photorezeptortypen innerhalb des Facettenauges hängt von zwei Faktoren ab: a) der variierenden Zusammensetzung innerhalb eines Ommatidiums und b) der nicht-homogenen Verteilung der Ommatidien im Facettenauge. Wakakuwa et al (2005) identifiziert drei Typen von Ommatidien, die sich in der Zusammensetzung der Photorezeptoren in den Retinulazellen (R1-8) unterscheiden und unterschiedlich häufig im Facettenauge auftreten (Tab. 2 & Abb. 23). Die Verteilung der Ommatidientypen

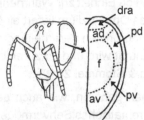

Abb. 23: Einteilung des Facettenauges in mehrere Regionen. dra = äußerster dorsaler Bereich ad = anterior dorsaler Bereich; f = frontaler Bereich; pd = posterior dorsaler Bereich; pv = posterior ventraler Bereich; av = anterior ventraler Bereich (Grafik nach Avarguès-Weber et al 2012; Seite 255).

wird als zufällig beschrieben, auch wenn in manchen Augenregionen Unterschiede auftreten. So gehören beispielsweise 18,2 % der Ommatidien im anterior ventralen Bereich des Auges zum Typ III, im anterior dorsalen Bereich hingegen macht dieser Typ nur 5,5 % aus. Im Mittel sind ca. 10 % aller Ommatidien im Facettenauge Typ III Ommatidien (siehe Tab. 2).

Tab. 2: Verteilung der Photorezeptortypen in den Retinulazellen R1-8 innerhalb eines Ommatidiums sowie der Ommatidien innerhalb des Facettenauges. Es konnten drei Typen von Ommatidien, die sich in der Zusammensetzung der Photorezeptoren unterscheiden, nachgewiesen werden. Zudem ist die Verteilung der Ommatidientypen innerhalb des Facettenauges nicht homogen. Hier berücksichtigt werden die Retinulazellen R1-8. Die spektrale Sensitivität und Funktion des Photorezeptors in der basal positionierten Retinulazelle R9 ist noch unbekannt (Tabelle nach Wakakuwa et al 2005).

Ommatidien-typ	Anzahl der S-Rezeptoren	Anzahl der M-Rezeptoren	Anzahl der L-Rezeptoren	Anteil des Ommatidientyps im Facettenauge
I	1	1	6	44 %
II	2	0	6	46 %
III	0	2	6	10 %

19 Nach Menzel et al (1989) liegen die Absorptionsmaxima für *M. quadrifasciata* bei 356, 424 und 532 nm.

Eine Ausnahme bildet der äußerste dorsale Bereich (= dorsal rim; dra in Abb. 23) in dem vermehrt Ommatidien mit S-Rezeptoren eingelagert sind und der für das Polarisationssehen zuständig ist (Avarguès-Weber et al 2012). Diese neueren Erkenntnisse zur Verteilung der Ommatidien stimmen mit den Ergebnissen älterer Studien überein. Sie konnten feststellen, dass die Fähigkeit zur Farbdiskriminierung von der Augenregion abhängt. So werden Farbinformationen im frontalen lateralen und ventralen, nicht aber im dorsalen visuellen Feld verarbeitet (Giger & Srinivasan 1997; Giurfa et al 1999a). Zudem ist die Farbdiskriminierung in der unteren Hälfte des frontalen visuellen Feldes wesentlich besser als die in der oberen Hälfte (Lehrer 1998; Lehrer 1999).

2.8.2. Besonderheiten des Sehvermögens und die neuronale Verarbeitung von Farbreizen

Besonderheiten des Sehvermögens von Bienen

Neben der Fähigkeit ultraviolette Strahlung wahrzunehmen und zu verarbeiten, ist die differentielle Kontrastwahrnehmung eine weitere Besonderheit des Sehvermögens von Bienen. Diese ermöglicht es der Biene, in Abhängigkeit des Sehwinkels, Objekte unterschiedlich wahrzunehmen. Bei einem geringen Sehwinkel wertet die Biene lediglich visuelle Informationen über den L-Rezeptor, also achromatische Informationen, aus (Giurfa et al 1996, 1997). Folglich verläuft die Differenzierung von Objekten lediglich über den Grünkontrast, auch achromatischer Kontrast genannt (Giurfa et al 1996, 1997). Die Westliche Honigbiene *Apis mellifera* nutzt das achromatische Sehen bei einem Sehwinkel zwischen 5° und 15° (Giurfa et al 1996,1997). Unterhalb von 5° kann die Biene keine visuellen Informationen auswerten. Ab einem Winkel von 15° nutzt die Biene das chromatische Sehen. Für die Dunkle Erdhummel *Bombus terrestris* konnten die Sehwinkel von 2,3° als untere Grenze und 2,7° als obere Grenze für das achromatische Sehen festgelegt werden (Dyer et al 2008). Unterhalb von 2,3° können keine visuellen Informationen ausgewertet werden, oberhalb von 2,7° wertet die Hummel visuelle Informationen über den chromatischen Kontrast aus (Dyer et al 2008). Das achromatische Sehen hängt lediglich von der Intensität des Farbreizes ab. Die spektrale Zusammensetzung des Farbreizes spielt während dem achromatischen Sehen keine Rolle (Giurfa et al 1999a; Hempel de Ibarra et al 2000). Bei einem großen Sehwinkel erhält die Biene visuelle Informationen von allen drei Photorezeptortypen und sieht somit ihre Umgebung farbig

(Giurfa et al 1996, 1997). Die Differenzierung von Objekten erfolgt über den chromatischen Kontrast (Giurfa et al 1996, 1997). Das chromatische Sehen hängt von der Form der spektralen Zusammensetzung des Farbreizes ab, soll aber unabhängig von der Intensität des Farbreizes sein (Giurfa et al 1999a; Hempel de Ibarra et al 2000). Insbesondere die Auswertung von chromatischen Kontrasten spielt eine wichtige Rolle bei der Orientierung in direkter Blütennähe. So können kleine farbige Bereiche innerhalb der Blüte, die gegeneinander kontrastieren ('floral guides'), der Biene helfen, die Blüte aufzufinden und sich innerhalb der Blüte zurecht zu finden (Lunau et al 1996, 2006; Pohl et al 2008).

Die neuronale Grundlage für eine solche differentielle Kontrastwahrnehmung ist die Ausbildung von zwei Signalwegen: einem Signalweg für die Verarbeitung von achromatischen Informationen und einem Signalweg für die Verarbeitung von chromatischen Informationen. Im Folgenden werden die Grundzüge der beiden Signalwege mit besonderer Berücksichtigung des chromatischen Signalweges beschrieben.

Allgemeine Prinzipien der Verarbeitung von visuellen Informationen

Auch wenn die genauen Abläufe auf neuronaler Ebene noch lange nicht im Detail bekannt sind, sind einige Grundzüge der neuronalen Verarbeitung aufgeklärt. Grundsätzlich lässt sich sagen, dass es in der Nervenstruktur des Gehirns farbsensitive Neuronen gibt, die auf chromatische Unterschiede unabhängig von der Helligkeit reagieren (Dyer et al 2011) und somit die anatomische Fähigkeit zur Farbempfindung gegeben ist. Weiterhin kann die Signalverarbeitung von visuellen Informationen, wie bereits angesprochen, in zwei Signalwege aufgespalten werden: a) chromatischer Signalweg zur Verarbeitung von Farbinformationen und b) achromatischer Signalweg für die Verarbeitung von achromatischen Signalen und Bewegungsinformationen (Vorobyev & Brandt 1997; Giurfa et al 1999a; Hempel de Ibarra et al 2000). Beide Signalwege verlaufen, weitestgehend unabhängig voneinander, über mehrere Verarbeitungsebenen, den sogenannten visuellen Neuropilen, die eine Art Nervennetz darstellen. Die Verarbeitung der Signale in den verschiedenen Ebenen wird durch drei Grundtypen von visuellen Neuronen gewährleistet: a) Breitbandneuronen, die eine sehr weite spektrale Empfindlichkeit aufweisen und so unabhängig von der Wellenlänge auf visuelle Signale aller drei Photorezeptortypen reagieren. Breitbandneurone können durch Belichtung entweder erregt oder gehemmt werden und sind daher vermutlich für die Codierung der Helligkeit zuständig (Menzel 1977); b) Schmalbandneuronen, die auf die Signale von einem oder maximal zwei Photorezeptortypen mit Erregung reagieren (Menzel 1977); c) Gegenfarbneuronen, die „auf einen Spektralbereich mit Erregung, auf einen anderen mit Hemmung [reagieren]" (Menzel 1977).

Bereits die retinale Verarbeitung visueller Informationen bereitet, aufgrund der unterschiedlichen Integrationszeiten der beteiligten Photorezeptoren, die Aufspaltung in die beiden Signalwege vor. Nach Skorupski & Chittka (2010) liegt die Integrationszeit des L-Rezeptors durchschnittlich bei 7,9 ms, während der M-Rezeptor erst nach ca. 9,8 ms und der S-Rezeptor nach 12,3 ms auf Farbreize reagiert. Für die neuronale Verarbeitung bedeutet dies, dass achromatische Signale, die sehr schnell durch den L-Rezeptor wahrgenommen werden, auch schnell weiter verarbeitet werden können. Farbinformationen benötigen aufgrund der langsameren Integrationszeit der beteiligten Photorezeptoren mehr Zeit zur neuronalen Verarbeitung (Skorupski & Chittka 2010).

Für die weitere neuronale Verarbeitung in den beiden Signalwegen werden unterschiedliche Grundprinzipien angenommen. Für die Verarbeitung von achromatischen Signalen sind zwei Mechanismen vorstellbar (Giurfa et al 1999a). Zum einen wäre die Verarbeitung eines einzelnen Photorezeptortypsignals, zum anderen wäre eine Summation der Signale aller drei Photorezeptortypen vorstellbar (Giurfa et al 1999a; Hempel de Ibarra et al 2000). Für Bienen wird die erste Variante, die Verarbeitung eines einzelnen Rezeptorsignals, als Grundlage für achromatisches Sehen angenommen (Hempel de Ibarra et al 2000). Die Signalverarbeitung des chromatischen Sehens beruht auf dem Prinzip der Gegenfarben (Menzel 1977; Menzel & Backhaus 1991; Giurfa et al 1999a; Scharstein & Stommel 2010; Dyer et al 2011). Kien & Backhaus (1977a, b) bestimmten zwei Typen von Interneuronen, die für die antagonistische Verschaltung visueller Signale zuständig sind. Typ I-Neurone werden durch Signale des S-Rezeptors angeregt und durch Signale des M- und des L-Rezeptors gehemmt. Die Typ II-Neurone werden durch die Signale des S-Rezeptors und des L-Rezeptors erregt und durch Signale des M-Rezeptors gehemmt. Mittlerweile sind weitere Gegenfarbneurone bekannt

(Yang et al 2004), die die Grundidee, dass das Farbsehen auf dem Gegen-farbprinzip beruht, unterstützen.

Neuronale Verarbeitungsprozesse in den drei Neuropilen

Wie bereits angesprochen, findet die Verarbeitung der Farbreize auf mehre-ren Ebenen aus Nervennetzen, den visuellen Neuropilen, statt, wobei die Signale der unterschiedlichen Photorezeptortypen an unterschiedliche Ebe-nen weitergeleitet werden (Avarguès-Weber et al 2012). Signale des L-Re-zeptors werden an die erste Ebene, die Lamia, weitergegeben (Abb. 24; ①), während die Signale der S- und M-Rezeptoren direkt an die zweite Ebene, die Medulla, übertragen werden (Abb. 24; ②) (Ribi 1975; Dyer et al 2011). In der Lamina liegen Breitband- und Schmalbandneurone, die in erster Linie für die achromatische Verarbeitung der Signale des L-Rezeptors zuständig sind (Dyer et al 2011).

Die Weitergabe der Signale an die zweite Ebene, die Medulla, verläuft über gekreuzte Nervenbahnen, dem äußeren Chiasma. So werden Signale der anterioren Lamina an die posteriore Medulla und Signale der posterioren La-mina an die anteriore Medulla weitergegeben (Avarguès-Weber et al 2012). In den inneren Medullaschichten liegen, neben Breitband- und Schmalband-neuronen, die bereits angesprochenen Gegenfarbneuronen, die durch die Signale aller drei Photorezeptortypen entweder erregt oder gehemmt werden, und einen entscheidenden Beitrag zur Verarbeitung von Farbinfor-mationen und somit zum Farbensehen leisten (Avarguès-Weber et al 2012). In den äußeren Medullaschichten liegen lediglich Breitband- und Schmal-bandneuronen (Abb. 24) (Dyer et al 2011). In der Medulla findet also eine Art räumliche Trennung der Signalverarbeitung statt: chromatische Signale werden überwiegend in den inneren Medullaschichten und achromatische Signale überwiegend in den äußeren Medullaschichten bearbeitet (Paulk et al 2009a).

Die Signalübertragung von der Medulla zu weiteren neuronalen Strukturen kann über mehrere Wege erfolgen (Hertel & Maronde 1987; Dyer et al 2011):

a) Direkte Signalübertragung von den äußeren Schichten und/oder den in-neren Schichten der Medulla zum posterioren Protocerebrum (Abb. 24; ③ & ④)

b) Direkte Signalübertragung von den äußeren Schichten der Medulla zu den Pilzkörpern, welche einen Teil des Zentralhirns darstellen (Abb. 24; ⑤)

c) Signalübertragung von der äußeren Medulla zur inneren Medulla (Abb. 24; ⑥) und anschließende Weiterleitung über das innere Chiasma an die äußeren und/oder inneren Schichten der Lobula, dem dritten visuellen Neuropile (Abb. 24; ⑦ & ⑧)

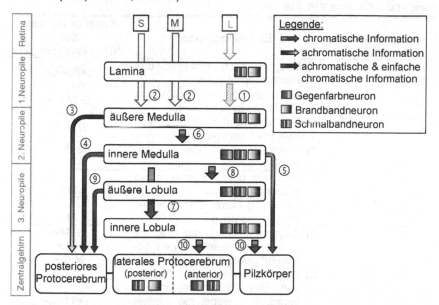

Abb. 24: Neuronale Signalwege zur Verarbeitung achromatischer und chromatischer visueller Informationen. Visuelle Informationen werden von den Photorezeptortypen (S = S-Rezeptor, M = M-Rezeptor und L = L-Rezeptor) aufgenommen und über drei Ebenen aus Nervennetzen (Neuropile) zum Zentralhirn weitergeleitet. Zum Zentralgehirn gehören neben den Pilzkörpern, dem lateralen und posterioren Protocerebrum auch die Zentralkörper, die hier nicht dargestellt sind (Grafik nach Dyer et al 2011; Seite 954; Ergänzungen aus Paulk et al 2009b).

Die an der Verarbeitung der visuellen Signale beteiligten Neuronen in der Lobula konnten in zwei Klassen unterteilt werden. Zur ersten Klasse der achromatischen Gegenneuronen (‚non-colour opponent cells') gehören fünf verschiedenen Breitbandneuronen und vier verschiedene Schmalbandneuronen (Tab. 3; rechte Spalte). Zur zweiten Klasse der Gegenfarbneuronen (‚colour-opponent cells') gehören sieben verschiedene Neuronen, die in drei

Erregungstypen eingeteilt werden (Tab. 3; mittlere und linke Spalte) (Yang et al 2004).

Tab. 3: Übersicht der bekannten Neuronen zur Verarbeitung visueller Informationen. Die Breitband- und Schmalbandneuronen bilden zusammen die Gruppe der achromatischen Gegenneuronen und sind in insgesamt sechs Erregungstypen mit neun Reaktionsmustern der Photorezeptortypen unterteilt. Die Klasse der Farbgegenneuronen umfasst drei Erregungstypen mit sieben Reaktionsmustern. ‚S' = S-Rezeptor; ‚M' = M-Rezeptor; ‚L' = L-Rezeptor; ‚+' = Erregung des Rezeptors; ‚-, = Hemmung des Rezeptors (Tabelle nach Yang et al 2004; Seite 916, 919 & 922).

Neuronenklasse	Erregungstypen	Reaktionsmuster der Photorezeptortypen
Breitbandneuron	a) Erregung durch Signale von drei Photorezeptortypen	S+/M+/L+
	b) Hemmung durch Signale von drei Photorezeptortypen	S-/M-/L-
	c) Erregung durch Signale von zwei Photorezeptortypen	M+/L+
	d) Hemmung durch Signale von zwei Photorezeptortypen	S-/M- M-/L-
Schmalbandneuron	a) Erregung durch Signale eines Photorezeptortyps	S+ M+
	b) Hemmung durch Signale eines Photorezeptortyps	S- M-
Farbgegenneuron	a) Gegenneuronen, die Signale zweier Photorezeptortypen gegenläufig verarbeiten	S-/M+ S-/L+ M-/L+
	b) Gegenneuronen, die Signale von drei Photorezeptortypen verarbeiten, wobei die Signale von zwei Photorezeptortypen erregend und das Signal des dritten Photorezeptortyps hemmend wirken	S+/M+/L- S+/M-/L+ S-/M+/L+
	c) Gegenneuronen, die Signale von drei Photorezeptortypen verarbeiten, wobei die Signale von zwei Photorezeptortypen hemmend und das Signal des dritten Photorezeptortyps erregend wirken	S-/M+/L-

Wie in der Medulla auch, verläuft die Signalverarbeitung von chromatischen und achromatischen Signalen in der Lobula räumlich getrennt (Avarguès-Weber et al 2012). Die äußeren Schichten der Lobula sind überwiegend für

die Verarbeitung von achromatischen Bewegungsinformationen mittels Breit-
band- und Schmalbandneuronen zuständig (Paulk et al 2008). Die hier bear-
beiteten Informationen werden bevorzugt zum posterioren Protocerebrum
weitergeleitet (Abb. 24; ⑨) (Dyer et al 2011). In den inneren Schichten der
Lobula werden chromatische Informationen mittels Gegenfarbneuronen weiter verarbeitet und bevorzugt an das anterior laterale Protocerebrum und die
Pilzkörper übertragen (Abb. 24; ⑩) (Hertel & Maronde 1987; Paulk et al 2008;
Dyer et al 2011; Avarguès-Weber et al 2012).

Die Trennung der achromatischen und chromatischen Signalverarbeitung
setzt sich also auch in den Gehirnstrukturen fort. Im anterioren Bereich (Pilzkörper & anterior laterales Protocerebrum) werden komplexe Farbinformationen aus den inneren Schichten der Medulla und der Lobula verarbeitet
(Paulk et al 2008; Paulk et al 2009b; Dyer et al 2011). In den hinteren Gehirnstrukturen (posteriores Protocerebrum) werden insbesondere achromatische Bewegungsinformation (und einige einfache chromatische Signale) aus
den inneren und äußeren Schichten der Medulla und aus den äußeren
Schichten der Lobula verarbeitet (Paulk et al 2008; Paulk et al 2009b; Dyer
et al 2011). Zur weiteren Verarbeitung der Signale in den Gehirnstrukturen
wurden bisher nur wenige Studien durchgeführt (z.B. Paulk et al 2009b; Mota
et al 2011). Festzuhalten ist aber, dass sich die beiden Signalwege in den
Gehirnstrukturen insbesondere in der Komplexität, Sensitivität und Integrationszeit der beteiligten Neuronen unterscheiden und dass eine Nervenstruktur im anterior lateralen Protocerebrum, der anteriore optische Tuberkel, eine
besondere Rolle bei der weiteren Verarbeitung von chromatischen Signalen
spielt (Dyer et al 2011; Mota et al 2011).

2.9. Überblick über einige Farbsehmodelle für die Biene

In den letzten Jahren wurden verschiedene Modelle erstellt, die helfen sollen,
das Farbsehen von Bienen zu beschreiben und darzustellen (Hempel de
Ibarra et al 2000). Die im Folgenden vorgestellten Modelle nehmen an, dass
das achromatische Sehen lediglich bei einem kleinen Sehwinkel genutzt wird
und somit eine untergeordnete Rolle bei der Nahdetektion von optischen Stimuli spielt. Weiterhin wird in allen Modellen angenommen, dass das chromatische Sehen durch Signale aller drei Photorezeptortypen vermittelt wird und

die neuronale Verarbeitung dieser Signale auf zwei Gegenfarbneuronen beruht (Hempel de Ibarra et al 2000).

Für die Darstellung von Farbstimuli in Farbsehmodellen müssen einige Daten bekannt sein, die der vorbereitenden Berechnung dienen (Chittka & Kevan 2005).

a) Spektrale Zusammensetzung des Farbreizes der vom Hintergrund $I_B(\lambda)$ ausgeht (also das Reflexionsspektrum des verwendeten Hintergrundes, der die Adaption der Photorezeptoren bestimmt)

b) Spektrale Zusammensetzung des Farbreiz ausgelöst durch den Farbstimulus $I_S(\lambda)$ (also das Reflexionsspektrum des untersuchten Farbstimulus)

c) Spektrale Sensitivitätskurven der drei Photorezeptortypen $S(\lambda)$ (mit $S_S(\lambda)$ für den S-Rezeptor, $S_M(\lambda)$ für den M-Rezeptor und $S_L(\lambda)$ für den L-Rezeptor)

d) Spektrale Zusammensetzung der Beleuchtung $D(\lambda)$

e) Schrittweite der Wellenlängen $d(\lambda)$[20]

Da die Photorezeptoren der Biene an das Umgebungslicht adaptieren, muss bei der Darstellung von Farbstimuli in einem Farbsehmodell auch die relative Sensitivität der Photorezeptoren berücksichtigt werden. Aus den zuvor vorgestellten Größen lässt sich der Sensitivitätsfaktor R berechnen.

$$R = 1 \, / \int_{300}^{700} I_B(\lambda) \cdot S(\lambda) \cdot D(\lambda) \cdot d(\lambda) \quad \text{(Chittka \& Kevan 2005)}$$

Zur Berechnung des Sensitivitätsfaktors für den S-Rezeptor R_S muss für $S(\lambda)$ die spektrale Sensitivität des S-Rezeptors $S_S(\lambda)$ eingesetzt werden, für den Sensitivitätsfaktors des M-Rezeptors R_M die spektrale Sensitivität des M-Rezeptors $S_M(\lambda)$ usw.. Letztendlich erhält man also drei Sensitivitätsfaktoren (R_S, R_M und R_L) für die drei Photorezeptortypen.

Als weitere Berechnungsgrundlage vieler Farbsehmodelle dient der sogenannte Quantumcatch Q. Dieser gibt den relativen Betrag an Licht, welches durch einen Photorezeptor absorbiert wird, an (Kelber et al 2003; Chittka & Kevan 2005).

$$Q = \int_{300}^{700} I_S(\lambda) \cdot S(\lambda) \cdot D(\lambda) \cdot d(\lambda) \quad \text{(Kelber et al 2003)}$$

---

20 Hiermit ist der Messabstand der Wellenlänge gemeint. In unserem Institut wird in einem Abstand von einem Nanometer gemessen; folglich ergibt sich für unsere Berechnungen $d(\lambda) = 1$.

Um die Adaption der Photorezeptoren an den Hintergrund zu berücksichtigen, wird der Quantumcatch Q der Photorezeptoren mit den zugehörigen Sensitivitätsfaktoren R multipliziert, sodass man den effektiven Quantumcatch P erhält (Chittka et al 1992).

$$P = Q \cdot R \hspace{4cm} \text{(Rhode et al 2013)}$$

Auch hier erhält man jeweils einen Wert für die drei Photorezeptortypen (P_S, P_M und P_L).

Der effektive Quantumcatch P gibt allerdings lediglich an, wie viele Lichtquanten von den Photorezeptoren absorbiert werden (unter Berücksichtigung der Adaption an den Hintergrund), nicht aber wie stark die Photorezeptoren nun erregt werden. Da davon ausgegangen wird, dass der effektive Quantumcatch P nicht mit der Erregung der Photorezeptoren E übereinstimmt, sondern ein nichtlinearer Phototransduktionsprozess abläuft, werden die berechneten Werte für den effektiven Quantumcatch P normalisiert (Chittka & Kevan 2005).

$$E = \frac{P}{(P + 1)} \hspace{4cm} \text{(Chittka & Kevan 2005)}$$

Je nachdem welcher Wert für P eingesetzt wird (Werte für P_S, P_M oder P_L), erhält man die Erregungswerte E_S für den S-Rezeptor, E_M für den M-Rezeptor oder E_L für den L-Rezeptor. Aus dieser Art der Normalisierung resultiert, dass die Photorezeptoren der Biene aufgrund der Adaption an den Hintergrund halbmaximal erregt sind. Für den Hintergrund gilt also $E_S = 0,5$; $E_M = 0,5$ und $E_L = 0,5$ (Laughlin 1989; Chittka 1992; Chittka & Kevan 2005).

Die weiteren Annahmen unterscheiden sich von Modell zu Modell, sodass Farbstimuli oftmals unterschiedlich bezüglich ihrer Detektion durch die Biene bewertet werden.

2.9.1. Das Maxwell-Farbdreieck

Die Grundprinzipien des Maxwell-Farbdreiecks wurde bereits in Kapitel 2.7. beschrieben. Die Übertragung auf das Farbsehen von Bienen ist relativ simpel, da das Prinzip der Trivalenz der Farben bestehen bleibt. Es werden lediglich die Annahmen über die Rezeptorausstattung verändert und in das Farbdreieck eingepasst (statt Blau, Grün und Rot werden nun Ultraviolett,

Blau und Grün an den Eckpunkten des Dreiecks eingesetzt). Für die Eck-punkte des Farbdreiecks ergeben sich folgende Koordinaten (Chittka & Kevan 2005):

a) Untere, linke Ecke zur Abbildung des S-Rezeptors mit x = -0,8667 und y = -0,5

b) Untere, rechte Ecke zur Abbildung des L-Rezeptors mit x = 0,8667 und y = -0,5

c) Obere Ecke zur Abbildung des M-Rezeptors mit x = 0 und y = 1

Der Mittelpunkt des Dreiecks mit den Koordinaten x = 0 und y = 0 repräsen-tiert den achromatischen Hintergrund (Abb. 25).

Die Berechnung der Farborte im Farbdreieck beruht auf dem effektiven Quantumcatch P der drei Photorezeptortypen (s, m und l) (Chittka & Kevan 2005), die sich folgendermaßen bestimmen lassen:

$$s = \frac{P_S}{(P_S + P_M + P_L)} \quad m = \frac{P_M}{(P_S + P_M + P_L)} \quad l = \frac{P_L}{(P_S + P_M + P_L)} \text{ (nach Chittka \& Kevan 2005)}$$

Im Farbdreieck kann jeder Farbstimulus als Punkt, der durch die Koordinaten x, y und z beschrieben wird, dargestellt werden (Neumeyer 1980; 1981). Da aber der Zusammenhang x + y + z = 1 gilt, werden lediglich die Koordinaten x und y für die Berechnung des Farbortes benötigt (Dyer 1998):

$$x = 0,8667 \, (l - s) \quad \text{und} \quad y = m - 0,5 \, (l + s) \quad \text{(nach Chittka \& Kevan 2005)}$$

Zusätzlich lässt sich der Spektralfarbenzug in das Farbdreieck einfügen. Die-ser kann nach Chittka & Kevan (2005) folgendermaßen berechnet werden: Zuerst werden die Sensitivitätsfaktoren R_S, R_M und R_L für die drei Photore-zeptortypen, wie oben beschrieben, berechnet. Anschließend wird die adap-tierte Sensitivität der Photorezeptoren S'(λ) berechnet. Hierfür wird für jede Wellenlänge von 300 bis 650 nm die zugehörige Rezeptorsensitivität S(λ) mit dem Sensitivitätsfaktor R des passenden Photorezeptors multipliziert:

$$S'_S(\lambda) = S_S(\lambda) \cdot R_S \qquad S'_M(\lambda) = S_M(\lambda) \cdot R_M \qquad S'_L(\lambda) = S_L(\lambda) \cdot R_L$$

In einem nächsten Schritt werden nun die Größen s', m' und l' berechnet, die die Grundlage zur Berechnung der Koordinaten x und y der Farborte des Spektralzuges darstellen. Hierfür wird die adaptierte Sensitivität des Rezep-tors für eine bestimmte Wellenlänge S'(λ) durch die Summe der adaptierten Sensitivitäten aller drei Photorezeptortypen für eine bestimmte Wellenlänge $S'_S(\lambda)$, $S'_M(\lambda)$ und $S'_L(\lambda)$ geteilt:

$$s' = \frac{S'_S(\lambda)}{(S'_S(\lambda) + S'_M(\lambda) + S'_L(\lambda))}$$

$$m' = \frac{S'_M(\lambda)}{(S'_S(\lambda) + S'_M(\lambda) + S'_L(\lambda))}$$

$$l' = \frac{S'_L(\lambda)}{(S'_S(\lambda) + S'_M(\lambda) + S'_L(\lambda))} \quad \text{(nach Chittka \& Kevan 2005)}$$

Aus den errechneten Größe s', m' und l' erhält man durch Einsetzen der Werte in folgende Formeln die Koordinaten der Farborte des Spektralfarbenzugs:

$$x = 0{,}8667 \; (l' - s') \quad \text{und} \quad y = m' - 0{,}5 \; (l' + s') \quad \text{(nach Chittka \& Kevan 2005)}$$

Die Purpurlinie wird als Gerade zwischen dem Punkt kürzester Wellenlänge (in der Regel liegt dieser bei 300 nm) und dem Punkt längster Wellenlänge (in der Regel bei 650 nm) gezogen.

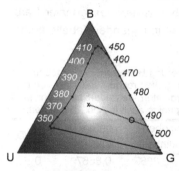

Abb. 25: Maxwell-Farbdreieck. Das dargestellte Farbdreieck ist an die visuellen Begebenheiten der Honigbiene angepasst. Die Spitzen des Dreiecks repräsentieren die Sensitivitätsbereiche der Photorezeptortypen (U = ultraviolett; B = blau und G = grün). Eingetragen ist der Spektralfarbenzug mit exemplarischen Angaben der Wellenlänge der monochromatischen Lichter (Ziffern; Angabe in nm), der achromatische Mittelpunkt (x) und ein exemplarischer Farblocus (o). Die gepunktete Linie hilft bei der Bestimmung der vorherrschenden Wellenlänge des Farblocus (hier 495 nm) (Grafik nach Reser et al 2012; Seite 2).

Aus dem Maxwell-Farbdreieck lassen sich zwei Farbparameter, die vorherrschende Wellenlänge und die spektrale Reinheit, ermitteln. Die vorherrschende Wellenlänge lässt sich bestimmen, indem eine Gerade vom achromatischen Mittelpunkt durch den Farblocus bis zum Spektralfarbenzug gezogen wird (Abb. 25). Die spektrale Reinheit wird aus der Distanz zwischen achromatischem Hintergrund und dem Farblocus ermittelt (Chittka & Kevan 2005). Das Maxwell-Dreieck ist ein zweidimensionales Modell und lässt somit keine Aussage über die Intensität des Farbreizes zu. Als weiterer Kritikpunkt wird angemerkt, dass das Farbdreieck keine Aussage darüber trifft, ob zwei Farbreize für eine Biene gut unterscheidbar sind (z.B. Chittka 1992).

2.9.2. Das Farbhexagon

Das Farbhexagon nach Chittka (1992) ist eines der meist genutzten Modelle, um das Farbsehen der Biene zu visualisieren und ist für viele Hymenopteren gültig (Chittka & Kevan 2005). Im Gegensatz zum Maxwell-Farbdreieck, welches den Quantumcatch als Berechnungsgrundlage verwendet, nutzt das Hexagon die Erregungswerte der Photorezeptoren. Durch die Verwendung der nicht-linear normierten Werte (also den Erregungswerten) wird gewähr-leistet, dass weitere physiologische Aspekte der Farbwahrnehmung bei der Biene berücksichtigt werden (Chittka & Kevan 2005).

Die Erregungswerte E_S, E_M und E_L werden gemäß der oben beschriebenen Formeln ermittelt und je im 120° Winkel zueinander vom Mittelpunkt ausge-hend in einen zweidimensionalen Farbraum eingetragen, wobei Erregungs-werte zwischen Null und Eins angenommen werden können (Chittka 1992). Die x, y und z Koordinaten entsprechen also den Erregungswerten der drei Photorezeptortypen (E_S, E_M und E_L). Es ergibt sich ein hexagonaler Farb-raum mit sechs Eckpunkten, deren Koordinaten in folgender Tabelle aufge-führt sind.

Tab. 4: x- und y-Koordinaten der sechs Eckpunkte des Hexagons. Angegeben sind jeweils die Position der Eckpunkte, die durch Position (unten-rechts) und Ziffer (①) cha-rakterisiert sind, und die zugehörigen x- und y-Koordinaten (verändert nach Chittka & Kevan 2005). Zur besseren Orientierung sind die Eckpunkte auch in Abb. 26 beziffert.

	unten-rechts ①	oben-rechts ②	oben ③	oben-links ④	unten-links ⑤	unten ⑥
x-Koordinate	0,8667	0,866	0	-0,8667	-0,8667	0
y-Koordinate	-0,5	0,5	1	0,5	-0,5	-1

Für drei der Eckpunkte gelten genaue Annahmen über die Erregungswerte der drei Photorezeptortypen. Am unteren rechten Eckpunkt ① ist der L-Re-zeptor maximal, der S- und M-Rezeptor nicht erregt. Es gilt: $E_S = 0$, $E_M = 0$ und $E_L = 1$. Am oberen Eckpunkt ③ ist der M-Rezeptor maximal, der S- und L-Rezeptor hingegen nicht erregt, sodass $E_S = 0$, $E_M = 1$ und $E_L = 0$ gilt. Am unteren linken Eckpunkt ⑤ ist der S-Rezeptor maximal, der M- und L-Rezep-tor nicht erregt. Es gilt somit: $E_S = 1$, $E_M = 0$ und $E_L = 0$ (Chittka 1992). Der Mittelpunkt des Hexagon repräsentiert den Hintergrund an den das Bienen-auge halbmaximal adaptiert ist und weist somit die Erregungswerte $E_S = 0,5$,

$E_M = 0,5$ und $E_L = 0,5$ auf (Abb. 26) (Laughlin 1981; Chittka 1992). Die Koordinaten des Mittelpunktes liegen bei $x = 0$ und $y = 0$.

Die Koordinaten der Farborten können folgendermaßen ermittelt werden:

$x = 0,8667 \cdot (E_L - E_S)$ und $y = E_M - 0,5 \cdot (E_L + E_S)$ (nach Chittka & Kevan 2005)

Für die Berechnung des Spektralfarbenzugs werden die Größen E'_S, E'_M und E'_L aus den spektralen Sensitivitäten der drei Photorezeptortypen $S_S(\lambda)$, $S_M(\lambda)$ und $S_L(\lambda)$ berechnet:

$$E'_S = 3 \cdot \frac{S_S(\lambda)}{(S_S(\lambda) + S_M(\lambda) + S_L(\lambda))}$$

$$E'_M = 3 \cdot \frac{S_M(\lambda)}{(S_S(\lambda) + S_M(\lambda) + S_L(\lambda))}$$

$$E'_L = 3 \cdot \frac{S_L(\lambda)}{(S_S(\lambda) + S_M(\lambda) + S_L(\lambda))} \qquad \text{(nach Chittka & Kevan 2005)}$$

Der Spektralfarbenzug umfasst die Farbloci der monochromatischen Lichter von 300 bis 540 nm. Diese beiden Farbloci werden über die Purpurlinie miteinander verbunden.

Aus dem Hexagon kann man, ähnlich wie beim Maxwell-Farbdreieck, die Farbparameter vorherrschende Wellenlänge und spektrale Reinheit ablesen. Zur Ermittlung der vorherrschenden Wellenlänge wird eine Gerade von Mittelpunkt durch den Farblocus bis zum Spektralfarbenzug gelegt (gestrichelte Linie in Abb. 26). Der Schnittpunkt auf dem Spektralfarbenzug gibt die vorherrschende Wellenlänge an (Chittka 1992; Chittka & Kevan 2005). Die spektrale Reinheit SP wird als Distanz H zwischen dem Farblocus des Stimulus und dem des Hintergrundes dividiert durch die Distanz H zwischen entsprechendem Schnittpunkt auf dem Spektralfarbenzug und dem Farblocus des Hintergrundes definiert (Lunau et al 1996; Papiorek et al 2013):

$$SP = \frac{H_{(Stimulus - Hintergrund)}}{H_{(Spektralfarbenzug - Hintergrund)}} \qquad \text{(Rhode et al 2013)}$$

Diese Berechnung beruht auf den Annahmen, dass der Mittelpunkt von der Biene als achromatisch und somit als Ort minimaler spektraler Reinheit (0 %) wahrgenommen wird, während ein monochromatisches Licht einer Biene maximal chromatisch erscheint und eine spektrale Reinheit von 100 % aufweist (Lunau 1990; Papiorek et al 2013).

Neben diesen beiden Parametern kann auch der Farbkontrast mittels Hexagon ermittelt werden. Er ist definiert als die Distanz zwischen Mittelpunkt und

Farblocus und wird in Hexagoneinheiten angegeben. Der Farbkontrast nimmt einen Wert von 0 im Mittelpunkt und einen Wert von 1 in den Eckpunkten des Hexagons an. Somit liegt der Farbkontrast eines Farblocus zum Mittelpunkt zwischen Null und Eins (Chittka 1992; Spaethe et al 2001; Dyer & Chittka 2004a).

Eine weitere Möglichkeit, die das Hexagon im Gegensatz zum Maxwell-Farbdreieck bietet, ist die Ermittlung der Farbdistanz D zwischen zwei Farborten F_1 mit den Koordinaten x_1 und y_1 und F_2 mit den Koordinaten x_2 und y_2. Die Farbdistanz gibt Auskunft darüber, wie gut zwei Farbloci von der Biene diskriminiert werden können (Chittka 1992; Chittka & Kevan 2005):

$$D_{(F_1 - F_2)} = \sqrt{(x_1 - x_2)^2 + (y_1 - y_2)^2}$$ (nach Chittka 1992)

Eine Farbdistanz von 0,1 Hexagoneinheiten ist notwendig, damit die Biene die Farbloci F_1 und F_2 zuverlässig diskriminieren kann (Dyer & Chittka 2004a).Ein weiterer Vorteil ist die simple Kategorisierung der Farben mit einer Nomenklatur, die die Farbwahrnehmung der Bienen berücksichtigt. Die Kategorien UV, UV-Blau, Blau, Blau-Grün, Grün, UV-Grün und Unbunt können graphisch im Hexagon dargestellt werden (Abb. 26) oder mathematisch bestimmt werden[21] (Chittka et al 1994; Chittka & Kevan 2005).

Durch die Reduktion auf einen zweidimensionalen Farbraum geht im Farbhexagon, wie auch im Maxwell-Farbdreieck, die Information über die Intensität eines Farbreizes verloren. Zudem nimmt das Hexagon an, dass Bienen die Farbintensität einer Farbe bei der Farbwahrnehmung nicht berücksichtigen und so achromatische Farben (Weiß, Schwarz und Grau) nicht voneinander unterscheiden können. Verhaltensbiologische Experimente zeigen aber, dass Bienen sehr wohl in der Lage sind, achromatische Farben zu diskriminieren (z.B. Giger & Srinivasan 1996; Giurfa et al 1999b). Als weiterer Kritikpunkt wird aufgeführt, dass lediglich eine Adaption des Bienenauges an den Hintergrund, nicht aber an den visuellen Stimulus, angenommen wird und dass unklar ist, ob wirklich eine gleichmäßige, halbmaximale Adaption aller Rezeptoren an den Hintergrund stattfindet (Hempel de Ibarra et al 2000). Daraus resultierend ergibt sich die Annahme des Hexagons, dass weiße und

---

21 Die Berechnung der Farbkategorien kann in Chittka & Kevan (2005); Seite 195 nachvollzogen werden.

grüne Blüten durch die Biene nicht unterscheidbar sind. In Verhaltensexperimenten zeigten Vorobyev et al (1999) allerdings, dass Bienen sehr wohl in der Lage sind, die beiden Farbreize zu diskriminieren.

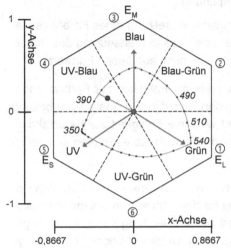

Abb. 26: Farbhexagon nach Chittka (1992). Die Erregungswerte der drei Photorezeptortypen werden ausgehend vom achromatischen Mittelpunkt (grauer Kreis) als Vektoren (graue Pfeile) in einem Winkel von 120° gegeneinander aufgetragen. Statt der hier verwendeten Abkürzungen E_S, E_M und E_L für die Erregung der S-, M- oder L-Rezeptoren kann auch E_U, E_B oder E_G (U für Ultraviolett, B für Blau und G für Grün) verwendet werden. Zudem wird der Spektralfarbenzug (hier für *Apis mellifera*) eingetragen. Die kursiv gedruckten Ziffern geben einige Farbloci monochromatischer Lichter (in nm) an. Weiterhin ist ein exemplarischer Farblocus (violetter Kreis) dargestellt anhand dessen die vorherrschende Wellenlänge mittels Gerader zwischen Mittelpunkt und Spektralfarbenzug (violette gepunktete Linie) bestimmt werden kann (hier ca. 397 nm). Die grauen gestrichelten Linien geben die Einteilung in die Farbkategorien nach Chittka et al (1994) wieder. Die Ziffern an den Eckpunkten des Hexagons sowie die Darstellung der x- und y-Achse dienen der Orientierung in Tab. 4.

2.9.3. Das receptor noise-limited model

Das receptor noise-limited model (kurz: RN-Modell) nach Vorobyev & Osorio (1998) ist das einzige häufig verwendete Farbsehmodell, welches nicht auf verhaltensbiologischen Daten oder hypothetischen Annahmen, sondern auf elektrophysiologischen Daten beruht (Hempel de Ibarra et al 2000). Grundannahmen des Modells sind (Vorobyev & Osorio 1998):

a) Die neuronale Verarbeitung der Photorezeptorsignale verläuft über unspezifische Gegenfarbneurone ohne Berücksichtigung der achromatischen Signale, wobei die Zahl der beteiligten Gegenfarbneuronen der Anzahl der Photorezeptortypen minus Eins entspricht. Im Falle eines trichromatischen Organismus sind also zwei Gegenfarbneuronen an der neuronalen Verarbeitung beteiligt.

b) Jedem Photorezeptortyp wird ein bestimmtes Grundrauschen, also eine Art dauerhafter Erregung, zugeordnet. Trifft ein Farbreiz auf die Photorezeptoren im Auge der Biene, muss dieser Farbreiz eine Erregung der Photorezeptoren auslösen, die stärker als das Grundrauschen ist. Erst dann ist es der Biene möglich, visuelle Informationen neuronal zu verarbeiten und eine Farbwahrnehmung zu empfinden.

c) Unterscheidet sich die spektrale Zusammensetzung eines Farbreizes lediglich in der Intensität von der spektralen Zusammensetzung des Hintergrunds, reagieren die Gegenfarbneurone nicht auf diesen Farbreiz.

Das RN-Modell geht also davon aus, dass die Fähigkeit zur Farbwahrnehmung durch die drei Photorezeptortypen und die neuronale Verarbeitung über Gegenfarbneurone gewährleistet wird, die Fähigkeit zur Farbdiskriminierung aber durch das Grundrauschen in den Photorezeptoren limitiert ist (Vorobyev et al 1998).

Durch diese Grundannahmen ergeben sich Einschränkungen in der Verwendung des RN-Modells. Voraussetzung für die richtige Vorhersage von Farbwahrnehmungen mittels RN-Modell ist die Verwendung von hellem Umgebungslicht während verhaltensbiologischen Untersuchungen. Die richtige Vorhersage der Schwellenwerte kann bei der Untersuchung von kleinen oder bewegten Objekten oder unter schlechten (= schattigen) Beleuchtungsbedingungen nicht gewährleistet werden (Vorobyev & Osorio 1998). Weiterhin muss für Untersuchungen ein achromatischer Hintergrund ausgewählt werden. Bei der Verwendung von Hintergründen, die für die Biene farbig erscheinen, können keine zuverlässigen Rauschschwellenwerte vorhergesagt werden. Wie auch in den anderen vorgestellten Modellen wird ein Farbstimulus über den effektiven Quantumcatch P des Rezeptors definiert (Berechnung siehe oben). Die drei berechneten Werten P_S, P_M und P_L dienen als Grundlage für die Berechnung der Schwellenwertdistanz (,threshold distance') ΔS_t. Farbstimuli, deren Distanz im Rezeptorraum geringer als die Schwellenwertdistanz ΔS_t ist, sind für die Biene nicht unterscheidbar. Dies folgt aus der Grundannahme b) des RN-Modells (siehe oben). Die Berechnung des Schwellenwertpotentials für ein trichromatisches Sehvermögen am Beispiel der Biene erfolgt folgendermaßen:

$$(\Delta S_t)^2 = \frac{e_S^2\,(\Delta P_L - \Delta P_M)^2 + e_M^2\,(\Delta P_L - \Delta P_S)^2 + e_L^2\,(\Delta P_S - \Delta P_M)^2}{(e_S \cdot e_M)^2 + (e_S \cdot e_L)^2 + (e_M \cdot e_L)^2}$$

(nach Vorobyev & Osorio 1998)

wobei e die Standardabweichung des Rauschens des jeweiligen Photorezeptortyps angibt (e_S gilt für den S-Rezeptor, e_M für den M-Rezeptor und e_L für den L-Rezeptor). ΔP gibt die Differenz des effektiven Quantumcatch zwischen dem Hintergrund und dem getesteten Farbstimulus für die jeweiligen Rezeptoren an und wird wie folgt berechnet:

Für den S-Rezeptor gilt: $\qquad \Delta P_S = R_S \cdot S_S(\lambda) \cdot I_t(\lambda)$

Für den M-Rezeptor gilt: $\qquad \Delta P_M = R_M \cdot S_M(\lambda) \cdot I_t(\lambda)$

Für den L-Rezeptor gilt: $\qquad \Delta P_L = R_L \cdot S_L(\lambda) \cdot I_t(\lambda)$

(nach Vorobyev & Osorio 1998)

wobei R wie gewohnt den Sensitivitätsfaktor und $S(\lambda)$ die spektrale Sensitivität des jeweiligen Photorezeptortyps angibt. $I_t(\lambda)$ gibt die Intensität des Schwellenwertes an und erfolgt reziprok zur Berechnung von ΔS_t:

$$I_t(\lambda) = \Delta S_t \cdot \sqrt{\frac{(e_S \cdot e_M)^2 + (e_S \cdot e_L)^2 + (e_M \cdot e_L)^2}{e_S^2 \, (\Delta P_L - \Delta P_M)^2 + e_M^2 \, (\Delta P_L - \Delta P_S)^2 + e_L^2 \, (\Delta P_S - \Delta P_M)^2}}$$

(nach Vorobyev et al 2001)

Das Grundrauschen der verschiedenen Photorezeptoren und somit auch die Standardabweichung des Rauschens e_S, e_M und e_L wird folgendermaßen beschrieben:

$$e_S = \frac{v_S}{\sqrt{\eta_S}} \qquad e_M = \frac{v_M}{\sqrt{\eta_M}} \qquad e_L = \frac{v_L}{\sqrt{L}} \qquad \text{(nach Vorobyev & Osorio 1998)}$$

wobei v die Standardabweichung des Rauschens von einer einzelnen Photorezeptorzelle des jeweiligen Photorezeptortyps und η die Anzahl der Photorezeptorzellen des jeweiligen Photorezeptortyps angibt. In der Regel werden die Werte $e_S = 0{,}13$, $e_M = 0{,}06$ und $e_L = 0{,}12$ als Standardabweichung des Rauschens für die Westliche Honigbiene *Apis mellifera* verwendet (Vorobyev & Osorio 1998). Für die Dunkle Erdhummel *Bombus terrestris* können die Werte $e_S = 1{,}3$, $e_M = 0{,}9$ und $e_L = 0{,}9$ verwendet werden (Papiorek et al 2013).

Letztendlich gibt ΔS die Distanz zwischen zwei Farbloci an und gibt somit Auskunft über die Fähigkeit der Biene diese beiden Farben zu diskriminieren (Vorobyev et al 1998). Die Berechnung von ΔS erfolgt nach dem gleichen Prinzip wie die Berechnung von ΔS_t. Ist ΔS kleiner als die berechnete

Schwellenwertdistanz ΔS_t sind die Farben für die Biene nicht unterscheidbar (Vorobyev et al 1998).

Mittlerweile gibt es zwei Varianten des RN-Modells, die sich in der Bewertung der Intensität unterscheiden. Im RNC-Modell, welches oben beschrieben wurde, wird das Rezeptorrauschen gemäß dem Weber' Gesetz berechnet. Daraus resultiert, dass das Signal-zu-Rausch-Verhältnis auch mit einer sich verändernder Intensität konstant bleibt (Hempel de Ibarra et al 2000). Bei dieser Variante des RN-Modells hat die Intensität der Farbreize also keinen Einfluss auf die Vorhersagen. Die zweite Variante (RNQ-Modell) berücksich-tigt die Intensität der Farbreize und macht die Vorhersage, dass dunkle Farb-stimuli schwieriger als helle Farbstimuli zu detektieren sind. Im RNQ-Modell wird das Rezeptorrauschen gemäß dem Rose de Vries Gesetz berechnet, sodass sich das Signal-zu-Rausch-Verhältnis in Abhängigkeit von der Inten-sität der Farbreize verändern kann (Hempel de Ibarra et al 2000). Aufgrund der mehrheitlichen Meinung, dass Bienen Farben unabhängig von der Inten-sität der gegebenen Farbreize beurteilen, wird für die Vorhersage des Farb-sehens von Bienen das RNC-Modell gewählt.

2.10. Definitionen von Farbparametern

Ziel dieser Arbeit ist es herauszufinden, welcher oder welche Farbparameter das Wahlverhalten von Stachellosen Bienen (*Melipona mondury* und *Melipona quadrifasciata*) und Hummeln (*Bombus terrestris*) während dem Fouragieren beeinflusst/beeinflussen. Hierfür ist es natürlich essentiell, die zu testenden Farbparameter eindeutig festzulegen und zu definieren. Wie bereits auf den letzten Seiten angesprochen, ist aber genau dies sehr schwierig und es haben sich im Laufe der Zeit viele Begriffe und Definitionen zur Beschreibung von ‚Farbe' auf den unterschiedlichen Ebenen der Farbent-stehung etabliert. Die Beschreibung der Farbempfindung (psychologische Ebene) durch drei Farbparameter (Farbton, Sättigung und Helligkeit) hat sich durchgesetzt und wird im folgenden Überblick der verschiedene Parameter und deren Definition berücksichtigt. Wichtig ist auch die unterschiedliche De-finition von Farbparametern unter Berücksichtigung der Farbentstehungs-ebenen. Während Menschen ihre Farbempfindung sehr gut durch die Quali-täten Farbton, Sättigung und Helligkeit beschreiben können, ist es unwahr-scheinlich, dass Bienen Farbempfindungen ebenfalls nach diesen Qualitäten und in gleicher Gewichtung bewerten. Lediglich die physikalische Ebene von

Farbe gilt für alle Organismen und ist somit unabhängig von der Photorezeptorausstattung (physiologische Ebene) und der neuronalen Verarbeitungs-
weise (psychologische Ebene) verschiedener Organismen. Daher wurde versucht eine Art Übersetzung zwischen den drei Qualitäten der Farbempfindung (psychologische Ebene) und denen des Farbreizes (physikalische
Ebene) zu finden. Hierfür wurden dem Farbreiz ebenfalls drei Qualitäten (vorherrschende Wellenlänge, Farbreinheit und Farbintensität) zugeordnet.

2.10.1. Der erste Parameter – Farbton / Buntton / vorherrschende Wellenlänge

Der erste Parameter ist eindeutig definiert, aber gleichzeitig nicht ohne die
Nennung von Beispielen zu beschreiben. Die Begriffe Farbton und Buntton
(englisch: hue) werden in der Literatur synonym verwendet und bezeichnen
die gleiche Empfindungsqualität. Der Farbton ist eine Eigenschaft der bunten
Farben (Richter 1981) und bezeichnet
die „von einem normal farbsichtigen
Betrachter unterscheidbaren Farben"
(Welsch & Liebmann 2012). Der Farbton wird häufig auch als „Art der Buntheit" beschrieben (Welsch & Liebmann 2012). Unbunten Farben, also
Schwarz, Weiß und Grau, kann kein
Farbton zugeordnet werden (Bachmann & Bernhardt 2011). Bei bunten
Farben beschreibt er, ob sie gelb,
grün, rot oder blau erscheinen (von
Campenhausen 1981; Fairchild 2005).

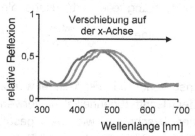

**Abb. 27: Änderung der vorherrschen-
den Wellenlänge.** Die vorherrschende
Wellenlänge eines Farbreizes kann durch
Verschiebung des Reflexionsspektrums
entlang der x-Achse verändert werden.
Die Parameter Farbintensität und Farbreinheit werden konstant gehalten.

Auf physikalischer Ebene lässt sich der Farbton am ehesten durch die vorherrschende Wellenlänge beschreiben[22] (Endler 1990). Eine Veränderung
der vorherrschenden Wellenlänge gelingt durch die Verschiebung des Reflexionsspektrums entlang der x-Achse (Abb. 27) und kann stark vereinfacht

---

22 Wichtig ist, dass keine 1:1-Übersetzung von psychologische Beschreibung von Farbe
    zur physikalischen Beschreibung möglich ist. Diese Arbeit ist lediglich ein näherungs-
    weiser Versuch, die physikalische Ebene zu berücksichtigen und Farbe möglichst ob-
    jektiv zu beschreiben.

nach Valido et al (2011) durch die Wellenlänge mit maximaler Reflexion [λ(R$_{max}$)] beschrieben werden.

2.10.2. Der zweite Parameter – Helligkeit/Intensität

Die Helligkeit gibt an, wie hell oder dunkel eine Farbe wirkt (von Campenhausen 1981). Während im Deutschen nur der Begriff Helligkeit verwendet wird, wird im Englischen der Begriff ‚lightness' zur Beschreibung der Helligkeit von Lichtfarben und ‚brightness' zur Beschreibung der Helligkeit von Körperfarben verwendet (Welsch & Liebmann 2012). Je nach Literatur findet man aber auch eine alternative Definition von ‚lightness' und ‚brightness'. Nach Fairchild (2005) beschreibt ‚brightness' den Eindruck, wieviel Licht von einer Fläche reflektiert wird und ist somit eine absolute Größe. Die ‚lightness' hingegen ist eine relative Größe und beschreibt wieviel Licht eine Fläche in Relation zur Lichtreflexion einer weiß erscheinenden Fläche unter ähnlicher Beleuchtung reflektiert[23] (siehe folgende Formeln):

$$\text{Lightness} = \frac{\text{Brighntess}}{\text{Brighntess(White)}} \quad \text{oder} \quad \text{relative Helligkeit} = \frac{\text{Helligkeit}}{\text{Helligkeit(Weiß)}}$$

(Fairchild 2005)

Insbesondere in der Malerei wird auch der Begriff Eigenhelligkeit verwendet, der beschreibt, wie hell gesättigte Farben wirken (Bachmann & Bernhardt 2011). So wirkt gesättigtes Gelb heller als gesättigtes Blau. Die Helligkeit einer Farbe kann durch die Beimischung von unbunten Farben verändert werden. Die Beimischung von Schwarz vermindert die Helligkeit, die Beimischung von Weiß erhöht die Helligkeit. Bei der Beimischung von Grau hängt die Veränderung der Helligkeit von der Helligkeit der Ausgangsfarbe ab.

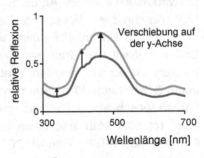

Abb. 28: Änderung der Intensität. Die Intensität eines Farbreizes kann durch relative Verschiebung des Reflexionsspektrums entlang der y-Achse verändert werden. Die Parameter vorherrschende Wellenlänge und Farbreinheit werden konstant gehalten.

---

23 Fairchild (2005) spricht von ‚area' also einer Fläche und von ‚to emit' also der Emission von Licht. Im folgenden Text wird deutlich, dass die Reflexion einer Körperfarbe gemeint ist.

Die Übersetzung der Qualität ‚Helligkeit' von der psychologischen auf die physikalische Ebene erfolgt am besten durch den Begriff Farbintensität und ist definiert als kumulative Summe aller Reflexionen im Bereich von 300 bis 700 nm [$\sum R(\lambda_{300-700})$] (Valido et al 2011). Die Intensität kann durch relative Verschiebung der Reflexionskurve auf der y-Achse verändert werden. Eine Anhebung der Kurve führt zu einer Erhöhung der Farbintensität, die Absenkung der Reflexionskurve führt zu einer Verminderung der Farbintensität (Abb. 28). Zu beachten ist, dass die Anhebung und Absenkung der Reflexionskurven relativ zur ursprünglichen Reflexionskurve verläuft (dargestellt durch die schwarzen Pfeile in Abb. 28).

2.10.3. Der dritte Parameter – Sättigung/Buntheit/.../Reinheit

Den dritten Parameter eindeutig zu definieren ist wohl eines der schwierigsten Unterfangen, da die Literatur sehr freizügig mit der synonymen Benutzung verschiedener Begriffe zur Beschreibung dieses Parameters umgeht. So werden neben dem Begriff Sättigung (‚saturation') auch die Begriffe Buntheit (‚chroma'), Buntgrad, Brillanz (‚brillance'), Chroma (‚chroma'), Chromazität (‚chromacity'), Chrominanz (‚chroma'), Farbigkeit (‚colorfulness'), Farbstärke (‚colorfulness'), Farbtiefe (‚colour depth'), Grauanteil (‚grayness'), Graustich (‚grayness'), Reinheit (‚purity') und Stumpfheit, mal mehr, mal weniger synonym verwendet (und damit herzlich Willkommen im Begriffschaos). Viele der Begriffe stammen aus unterschiedlichen Bereichen, wie der Malerei oder den frühen Zeiten der Farbmetrik, und werden mit Sättigung gleichgesetzt. Im Folgenden wird lediglich auf häufig genutzte Begriffe oder für diese Arbeit relevante Begriffe (Sättigung, Buntheit, Farbigkeit und Reinheit) eingegangen.

Die Sättigung gibt den „Grad der Buntheit oder die Stärke einer Farbe" (Welsch & Liebmann 2012) an und bezieht sich auf die Ausprägungsstärke des Parameters Farbton (Richter 1981). Unbunte Farben weisen eine Sättigung von 0 %, monochromatische Lichter, also spektral reine Farben, weisen eine Sättigung von 100 % auf (Richter 1981). Die einfachste Art eine gesättigte Farbe zu entsättigen, besteht also in der Beimischung von unbunten Farben (Schwarz, Weiß und Grau) (Bachmann & Bernhardt 2011). Eine alternative Möglichkeit besteht darin, eine Farbe mit ihrer Komplementärfarbe zu mischen. Je größer der beigemischte Anteil der Komplementärfarbe ist, desto entsättigter wirkt die Ausgangsfarbe (Bachmann & Bernhardt 2011).

Betrachtet man die Empfindungsebene, wird eine gesättigte Farbe als kräftig oder stark und eine entsättigte Farbe als schwach oder blass beschrieben (Official site of Munsell Color 2013). Nach dieser Definition ist eine Unterscheidung zwischen den Begriffen Sättigung („saturation'), Buntheit („chroma') oder Farbigkeit („colorfulness') unnötig.

Aber bereits Richter (1981) stellte fest, dass eine nicht-synonyme Verwendung der Begriffe notwendig ist. Nach Richter (1981) erreicht man eine „Entsättigung einer [...] Farbe [...] durch additive Mischung mit gleich hellem Grau" (Richter 1981). Wichtig hierbei ist, dass es sich dabei um gleich helles Grau handelt, da sich sonst auch der dritte Parameter (Helligkeit) ändern würde. Die Beimischung von Weiß führt zwar ebenfalls zu einer Entsättigung der Farbe, gleichzeig aber auch zu einer Änderung der Helligkeit. Eine Beimischung von Schwarz führt nach Richter (1981) lediglich zu einer Änderung der Helligkeit, nicht aber zu einer Änderung der Sättigung.

Die Buntheit beschreibt nach Richter (1981) den Übergang von Bunt nach Unbunt. Während die Sättigung nur durch zwei der drei unbunten Farben, nämlich Weiß und Grau, verändert wird, kann die Buntheit durch die Beimischung von Weiß, Grau oder Schwarz, also durch alle unbunten Farben, verändert werden (Richter 1981). „Die Buntheit wird also gleichzeitig durch Helligkeit und Sättigung bestimmt" (Richter 1981). Je heller und gesättigter eine Farbe ist, desto bunter wirkt sie. Der Unterschied zwischen Sättigung und Buntheit kann am farbtongleichen Dreieck, benannt nach Ewald Hering, einfach nachvollzogen

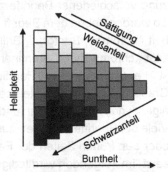

Abb. 29: Buntheit und Sättigung im farbtongleichen Dreieck. Dargestellt ist das Verhalten einer bunten Farbe mit definiertem Farbton bei Beimischung von unbunten Farben (Grafik nach Lübbe 2013; Seite 73).

werden (Abb. 29). In dem Dreieck ist eine bunte, farbtongleiche Farbe dargestellt. Eine Beimischung von Schwarz führt zu einer Verminderung der Buntheit und der Helligkeit, die Sättigung bleibt konstant (Richter 1981; Lübbe 2013). Eine Beimischung von Weiß führt zu einer Verminderung der Buntheit und der Sättigung und zu einer Erhöhung der Helligkeit (Richter 1981; Lübbe 2013). Eine Beimischung von Grau führt zu einer Verminderung der Buntheit und der Sättigung. Die Helligkeit bleibt konstant, wenn das Grau gleich hell ist wie die Ausgangsfarbe (Richter 1981).

Eine noch detaillierte Aufgliederung findet sich bei Fairchild (2005). Hier wird zwischen Farbigkeit, Buntheit und Sättigung unterschieden. Die Farbigkeit („colorfulness') beschreibt, wie farbig dem Betrachter eine Fläche erscheint. Die Buntheit („chroma') beschreibt die Farbigkeit einer Fläche im Verhältnis zur Helligkeit („brightness') einer weißen Fläche unter ähnlichen Beleuchtungsbedingungen (Fairchild 2005) und kann wie folgt dargestellt werden.

$$\text{Chroma} = \frac{\text{Colorfulness}}{\text{Brighntess(White)}} \quad \text{oder} \quad \text{Buntheit} = \frac{\text{Farbigkeit}}{\text{Helligkeit(Weiß)}} \quad \text{(Fairchild 2005)}$$

Wie bereits bei der Definition von ‚brightness' und ‚lightness' wird zwischen einer absoluten Größe (Farbigkeit/‚colorfulness') und einer relativen Größe (Buntheit/‚chroma') unterschieden.

Die Sättigung („saturation') beschreibt nach Fairchild (2005) die Farbigkeit einer Fläche im Verhältnis zur Helligkeit („brightness') dieser Fläche. Es handelt sich ebenfalls um eine relative Größe. Die Sättigung kann entweder als Verhältnis zwischen Farbigkeit und Helligkeit („brightness') dargestellt werden,

$$\text{Saturation} = \frac{\text{Colorfulness}}{\text{Brighntess}} \quad \text{oder} \quad \text{Sättigung} = \frac{\text{Farbigkeit}}{\text{Helligkeit}} \quad \text{(Fairchild 2005)}$$

oder als Verhältnis von Buntheit und relativer Helligkeit („lightness')

$$\text{Saturation} = \frac{\text{Chroma}}{\text{Lightness}} \quad \text{oder} \quad \text{Sättigung} = \frac{\text{Buntheit}}{\text{relative Helligkeit}} \quad \text{(Fairchild 2005)}$$

Dass beide Darstellungsformen richtig sind, lässt sich zeigen, indem man berücksichtigt wie Buntheit und relative Helligkeit[24] definiert sind (siehe Text) und diese in die Formel integriert.

Statt:

$$\text{Saturation} = \frac{\text{Chroma}}{\text{Lightness}} \quad \text{oder} \quad \text{Sättigung} = \frac{\text{Buntheit}}{\text{relative Helligkeit}} \quad \text{(Fairchild 2005)}$$

erhält man:

$$\text{Saturation} = \frac{\text{Colorfulness}}{\text{Brighntess(White)}} \cdot \frac{\text{Brighntess(White)}}{\text{Brighntess}}$$

---

24 Die Schriftfarbe blau und orange dient dazu nachzuvollziehen, in welchem Term der jeweilige Parameter integriert ist.

oder

$$\text{Sättigung} = \frac{\text{Farbigkeit}}{\text{Helligkeit(Weiß)}} \cdot \frac{\text{Helligkeit(Weiß)}}{\text{Helligkeit}}$$

Durch Kürzen erhält man wieder:

$$\text{Saturation} = \frac{\text{Colorfulness}}{\text{Brightness}} \quad \text{oder} \quad \text{Sättigung} = \frac{\text{Farbigkeit}}{\text{Helligkeit}} \quad \text{(Fairchild 2005)}$$

Die Übersetzung von Sättigung, Buntheit und Farbigkeit von der psychologischen in die physikalische Ebene ist sehr kompliziert. Für die vorliegende Arbeit wurde der Begriff Reinheit verwendet. Die Reinheit einer Farbe ändert sich mit der Steigung der Reflektionskurve (Abb. 30; rechts) und kann folgendermaßen veranschaulicht werden: Eine Farbe maximaler Reinheit weist die Eigenschaften einer monochromatischen Farbe auf. Diese reflektiert zu 100 % bei einer bestimmten Wellenlänge und in den übrigen Wellenlängenenbereichen zu 0 %. Die zugehörige Steigung geht gegen unendlich (Abb. 30; links). Als Farbe mit minimaler Reinheit gelten unbunte Farben, also Farben, die im gesamten Wellenlängebereich gleichmäßig reflektieren und somit eine Steigung von Null aufweisen (Abb. 30; links). Nach Valido et al (2011) kann die Farbreinheit als die Differenz zwischen maximaler und minimaler Reflexion dividiert durch die mittlere Reflexion definiert werden [R_{max}-R_{min}/$R_{Mittelwert}$].

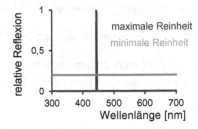 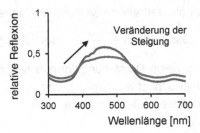

Abb. 30: Änderung der Farbreinheit. Die Reinheit eines Farbreizes kann durch Änderung der Steigung der Reflexionskurve variiert werden. Minimale Farbreinheit existiert bei einer Steigung von 0. Eine Steigung gegen unendlich zeigt eine maximale Farbreinheit an. Die Parameter vorherrschende Wellenlänge und Farbintensität werden konstant gehalten.

2.11. Auftretende Problematik bei bisher verwendeten Blütenattrappen

Ein Aspekt der Arbeit ist zu prüfen, ob ein einzelner oder mehrere und wenn ja, welcher/welche der Parameter, die Farbe beschreiben (vorherrschende Wellenlänge, Farbreinheit und Farbintensität), die Blütenwahl von Bienen beeinflusst/beeinflussen. Um diese Fragestellung zu beantworten, ist es von Bedeutung, eine Zusammenstellung von Teststimuli zu entwickeln, in denen lediglich einer der drei Parameter variiert, die beiden anderen Parameter aber konstant gehalten werden können.

In bisherigen Studien wurden Teststimuli auf verschiedene Weisen hergestellt: a) Verwendung von vorgefärbtem Karton oder Papier (z.B. von Frisch 1914; Lunau 1990; Giurfa et al 1995); b) Aufdrucken oder Aufmalen von Blütenattrappen auf verschiedene Medien, wie UV-reflektierendes Filterpapier oder Plastikuntergründe (z.B. Dyer & Chittka 2004b; Papiorek et al 2013) oder c) Verwendung von selbstleuchtenden Farben, z.B. in Form von LEDs oder durch Verwendung von verschiedenen Farbfiltern (Kühn & Pohl 1921; Menzel 1967). Zwar sind viele der Methoden kostengünstig und simpel in der Herstellung, doch für die Klärung der aufgeführten Fragestellung ungeeignet. Bei der Verwendung von farbigem Karton ist die Auswahl an Farben stark limitiert und so die Auswahl eines passenden Testaufbaus mit variierenden Farbparametern nicht umsetzbar. Bei der zweiten Variante (Auftragen von Farbe auf ein Untergrundmedium) ist es zwar möglich, eine ausreichende Anzahl an Farbkombinationen zu erstellen (z.B. mittels HSB-Modell für Bildbearbeitungsprogramme am PC), jedoch verändern die Farbeigenschaften des Untergrundmediums oft die Farbeigenschaften des Teststimulus. In Abbildung 31 ist ein Beispiel dargestellt, welches die Auswirkungen dieses Phänomens eingängig beschreibt. Dieses Phänomen der Addition von Farbeigenschaften des Untergrundes zu denen des eigentlichen Teststimulus erscheint durch dieses extreme Beispiel trivial, ist aber zum Beispiel bei der Auftragung verschiedener Konzentrationen einer Pigmentlösung auf Filterpapier nicht direkt ersichtlich. Zu Beginn dieser Arbeit wurde versucht, Blütenattrappen auszudrucken oder verdünnte Tusche (z.B. Tusche A von Pelikan oder Kalligraphie-Tinte von Winsor & Newton) auf UV-reflektierendes Filterpapier (Whatman Filter Paper, Grade No. 3) aufzutragen. Die Ergebnisse dieser Versuche waren nicht zufriedenstellend, da sich immer mehr als ein Farbparameter, in der Regel Farbreinheit und Farbintensität, gleichsinnig änderte. Letztendlich stellte sich heraus, dass diese Veränderungen durch das

Durchschimmern des UV-reflektierenden Filterpapiers, also durch die Addition von Farbeigenschaften des Filterpapiers zu den Farbeigenschaften der Tusche, hervorgerufen wurden. Die Verwendung von selbstleuchtenden Testfarben bietet zwar genügend Kombinationsmöglichkeiten in der Generierung der Teststimuli, allerdings gibt es derzeit keine Möglichkeiten verschiedenfarbige Muster darzustellen und Bienen von ihrer Abneigung, selbstleuchtende Objekte anzufliegen, abzubringen.

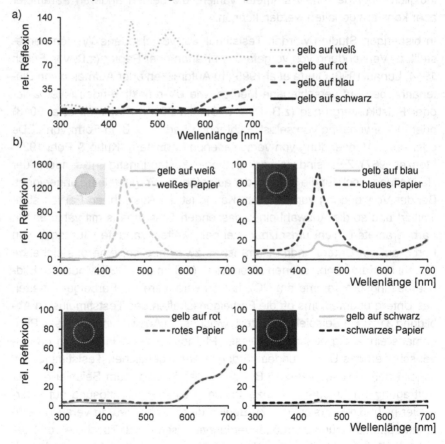

Abb. 31: Auswirkungen der Farbeigenschaften verschiedener Papiere auf die Farbeigenschaften eines „gelben" Teststimulus. Mittels HSB-Modell wurde ein gelber, kreisförmiger Stimulus generiert und auf verschieden farbiges Tonpapier (weiß, blau, rot und schwarz) gedruckt. Abbildungsteil a) zeigt die Reflexionsspektren des gelben Teststimulus auf den verschiedenen Papieren. Die Bezeichnung „gelb auf rot" bedeutet, dass der

gelbe Teststimulus auf rotes Papier gedruckt wurde. Die x-Achse beschreibt die Wellenlänge von 300 bis 700 nm. Auf der y-Achse ist die relative Reflexion aufgetragen. Der
Vergleich der Reflexionsspektren zeigt, dass der gelbe Farbeindruck des Teststimulus
maßgeblich durch die Farbe des Untergrundes, also des Papiers, verändert wird, obwohl
in allen vier Fällen das gleiche Gelb verwendet wurde (dieselben Einstellungen im HSB-
Modell, derselbe Drucker, dieselbe Tintenmenge). Abbildungsteil b) zeigt noch einmal genauer wie stark, aber auch wie unterschiedlich der Einfluss der Farbeigenschaften des
Untergrundmediums auf die Farbeigenschaften des Teststimulus ist. Jeder der vier Graphen zeigt das Reflexionsspektrum des gelben Punkts aufgedruckt auf das jeweilige Papier und das Reflexionsspektrum des Papiers (ohne gelben Punkt). Wichtig bei dem Vergleich der Reflexionsspektren ist die unterschiedliche Skalierung der y-Achse (relative Reflexion) in Abhängigkeit der verwendeten Papierfarbe. Die x-Achse gibt die Wellenlänge
von 300 - 700 nm an. Während bei der Verwendung von weißem und blauem Papier eine
deutliche Diskrepanz zwischen den Reflexionsspektren „gelber Punkt auf jeweiligem Untergrund" und dem Untergrund selbst herrscht, ist bei der Verwendung von rotem und
schwarzem Papier deutlich sichtbar, wie die Farbeigenschaften des Untergrunds die Farbeigenschaften des Teststimulus überlagern. Die Auswirkungen dieser Überlagerung sind
an den Fotografien der mit gelber Tinte bedruckten Papiere zu sehen. Die gelbe gestrichelte Markierung zeigt an, wo der Teststimulus aufgedruckt wurde. Während man bei der
Verwendung von weißem Papier deutlich sehen kann, dass ein gelber Teststimulus aufgedruckt wurde, ist dies bei blauem Papier schon schwieriger zuzuordnen, bei der Verwendung von rotem oder schwarzem Papier unmöglich: das „Gelb" des Teststimulus wird
komplett von „Rot" bzw. „Schwarz" des Papiers „geschluckt".

Neben diesen methodischen Problemen, ein geeignetes Medium für die
generelle Herstellung von Blütenattrappen zu finden, ist auch die Auswahl
adäquater Blütenattrappen problematisch. Viele Studien nutzen zur Auswahl
geeigneter Farbstimuli Farbsehmodelle wie das Farbhexagon nach Chittka
(1992). Diese Modelle berücksichtigten die physiologische oder gar psychologische Ebene von Farbe, um den Anwender einen Eindruck der bienensubjektiven Farbwahrnehmung zu vermitteln. Farbmodelle, wie das Farbhexagon machen daher sehr strenge Annahmen über das Sehvermögen der
Bienen. Da in dieser Arbeit auch mit Stachellosen Bienen, deren visuelles
System weder auf anatomischer noch neuronaler Ebene ausreichend untersucht ist, um den strengen Annahmen zu entsprechen, gearbeitet wird, wird
auf die Nutzung solcher Modelle verzichtet. Die Auswahl adäquater Blütenattrappen erfolgte daher auf der physikalischen Ebene unter Verwendung
der Reflexionsspektren. Eine Quantifizierung der zu untersuchenden Farbparameter vorherrschende Wellenlänge, Farbreinheit und Farbintensität erfolgte mittels Berechnungen, die sich an den Reflexionsspektren orientieren.

Zur Aufklärung der Fragestellung, ob und wenn ja, welcher Farbparameter
über einen Blütenbesuch entscheidet, ist es wichtig eine Methodik zu nutzen,

die eine unabhängige Quantifizierung aller drei zu untersuchenden Parameter zulässt. Diese Problematik wird durch die Nutzung von Pigmenten in Pulverform gelöst. Zum einen werden die Pigmente so präsentiert, dass keine Addition der Farbeigenschaften eines Untergrundmediums auftritt und zum anderen können die Farbparameter unabhängig voneinander verändert werden.

3. Material & Methoden

3.1. Blütenattrappen aus Pigmenten in Pulverform

Bei der Entwicklung einer Methodik mussten vier Aspekte berücksichtigt werden:

a) Unabhängige Quantifizierung der Parameter vorherrschende Wellenlänge, Farbreinheit und Farbintensität
b) Modifikation eines einzelnen Parameters bei gleichzeitiger Konstanz der beiden anderen Parameter
c) Option, die Farbparameter Farbreinheit und Farbintensität gegenläufig zu variieren
d) Breites Spektrum an Variationsmöglichkeiten (verschiedene Farbtöne mit verschiedenen Reinheits- und Intensitätsgraden)
e) Ausschluss der Addition stimulusfremder Farbeigenschaften (Eigenschaften von Untergrundmedien, wie Papier, Folie, Glas etc.)

Nach verschiedenen vergeblichen Versuchen kristallisierte sich heraus, dass die Verwendung von Pigmenten in Pulverform ein vielversprechender Ansatz ist, die oben beschriebenen Faktoren zu berücksichtigen. Bei dieser neuen Methodik wird ein farbiges Pigment (= „Basispigment") mit definierter Wellenlänge als Grundlage gewählt und so die vorherrschende Wellenlänge des Teststimulus festgelegt. Durch Beimischung von weißem, grauem und schwarzem Pigment (= „Ergänzungspigment") erreicht man eine Variation der Parameter Farbintensität und Farbreinheit; die vorherrschende Wellenläge wird durch die Beimischung dieser Ergänzungspigmente nicht verändert. Für den durchgeführten Versuch wurden vier vorherrschende Wellenlängen in jeweils vier verschiedenen Reinheits- und Intensitätsstufen ausgewählt. Tab. 5 zeigt, welche Kombinationen an Teststimuli generiert wurden; Tab. 6 gibt eine Übersicht über Bezeichnung der verwendeten Pigmente.

Tab. 5: Übersicht der verwendeten Teststimuli. Es wurden insgesamt vier Versuchslinien (Aufbau I-IV) konzipiert. Für jede Versuchslinie wurde ein Basispigment ausgewählt und somit die vorherrschende Wellenläge der jeweiligen Versuchslinie festgelegt (blaugrün [Himmelblau], blau [Ultramarinblau], gelb [Gelb] und weiß [Weiß]). Jede Versuchslinie umfasst vier Teststimuli, die sich in der Kombination von Farbintensität und Farbreinheit unterscheiden. Insgesamt wurden somit 16 verschiedene Teststimuli generiert. I steht für Farbintensität; R für Farbreinheit; UV- für ultraviolett-absorbierendes Weiß und UV+ für ultraviolett-reflektierendes Weiß. Die Sternchen geben die Ausprägung des jeweiligen Parameters wieder: *** = hoch; ** = mittel; * = niedrig. Beispiel: Himmelblau; I**/R*** = Für die Herstellung dieses Teststimulus wurde Himmelblau als Basispigment verwendet um die vorherrschende Wellenlänge zu definieren. Durch Beimischung von Ergänzungspigmenten (schwarz, grau und weiß) weist dieser Stimulus eine mittlere Farbintensität und eine hohe Farbreinheit auf.

	Aufbau I	Aufbau II	Aufbau III	Aufbau IV
Farbe des Basispigments	Himmelblau	Ultramarinblau	Gelb	Weiß
Verwendete Kombinationen aus variierender Farbintensität und Farbreinheit	I***/R*** I**/R*** I**/R* I*/R**	I***/R*** I**/R*** I**/R* I*/R**	I***/R*** I**/R*** I**/R* I*/R**	I***/UV- I**/UV- I***/UV+ I**/UV+

Tab. 6: Produktinformationen zu den verwendeten Pigmenten. Unter dem Abschnitt „Basispigmente" sind die Pigmente zusammengefasst, die für die Festlegung der vorherrschenden Wellenlänge genutzt wurden. Die Abkürzung UV- steht für ultraviolett-absorbierend; UV+ für ultraviolett-reflektierend. Im Abschnitt „Ergänzungspigmente" sind die Pigmente, die für die Einstellung der Parameter Farbintensität und Farbreinheit genutzt wurden (weiß, schwarz und grau), aufgeführt. Als Ergänzungspigment „Weiß" mussten zwei verschiedene Bezugsquellen verwendet werden. Für die Herstellung der Teststimuli, die in den Versuchen mit *Melipona quadrifasciata* und *Melipona mondury* genutzt wurden, wurde das mit a) gekennzeichnete Bariumsulfat verwendet. Für die Versuchsreihen mit *Bombus terrestris* wurden die Teststimuli mit dem unter b) aufgeführten Bariumsulfat hergestellt. Bezugsquelle der Künstlerpigmente ist die Creativ Discount Düsseldorf GmbH & Co. KG. (Forstsetzung auf Seite 71).

Pigment	Produkt	Hersteller	Artikelnummer
Basispigmente			
Himmelblau	Künstlerpigment Sky Blue	AMI Art Material International GmbH, Kaltenkirchen, Deutschland	586.685
Ultramarinblau	Künstlerpigment Ultramarine Blue	AMI Art Material International GmbH, Kaltenkirchen, Deutschland	586.686
Gelb	Künstlerpigment Yellow	AMI Art Material International GmbH, Kaltenkirchen, Deutschland	586.622
Weiß (UV-)	Künstlerpigment Zinc White	AMI Art Material International GmbH, Kaltenkirchen, Deutschland	586.667
Weiß (UV+)	Diamant Puderzucker	Pfeifer & Langen GmbH & Co. KG, Köln, Deutschland	

Pigment	Produkt	Hersteller	Artikelnummer
Ergänzungspigmente			
Weiß	a) Bariumsulfat 99% reinst	a) Grüssing GmbH Analytika, Filsum, Deutschland	
	b) Bariumsulfat reinst Ph Eur	b) AppliChem GmbH, Darmstadt, Deutschland	
Schwarz	Künstlerpigment Black 722	AMI Art Material International GmbH, Kaltenkirchen, Deutschland	586.671
Grau	Hergestellt aus Künstlerpigment Black 722 und Bariumsulfat		

Die Herstellung der Pigmentmischungen für die Teststimuli erfolgte durch Abwiegen der Anteile von Basis- und Ergänzungspigmenten [in Gramm; auf drei Nachkommastellen genau, die vierte Nachkommastelle betrug zwischen 1 und 3] und Vermischen der Anteile zu einem homogenen Pulver. Anschließend wurde die Pigmentmischung in die Deckel (Ø 40 mm; Höhe 6 mm) von Zellkulturschalen (35 x 10 mm; Carl Roth GmbH + Co. KG, Karlsruhe, Deutschland) gefüllt und die Oberfläche mittels Spatel glatt gepresst. Die fertigen Blütenattrappen sind in Abb. 35b oder 38c dargestellt.

Die Auswahl der Teststimuli mit den gewünschten Kombinationen aus Farbintensität und Farbreinheit erfolgte nach der „Versuch- und- Irrtum" Methode. Hierzu wurden verschiedene Testmischungen, die aus ca. 1 g Basispigment plus entsprechenden und variierenden Mengen an weißem, grauem und/oder schwarzem Pigment bestehen, hergestellt. Diese Pigmentmischungen wurden in die Kappen von Reaktionsgefäßen (z.B. 1,5 ml; VWR International GmbH, Darmstadt, Deutschland) gepresst. Anschließend wurden die Reflexionsspektren der Testmischungen mittels Spektrophotometer (USB 4000 Miniature Fiber Optic Spectrometer, Ocean Optics GmbH, Ostfildern, Deutschland) im Winkel von 45° vermessen. Die Probe wurde mittels einer UV-NIR Deuterium–Halogen Lampe (DH-2000-BAL, Ocean Optics GmbH, Ostfildern, Deutschland), die über ein UV-VIS Glasfaserkabel Ø 600 µm (QR600-7-UV 125 BX, Ocean Optics GmbH, Ostfildern, Deutschland) mit dem Spektrophotometer verbunden war, beleuchtet. Gepresstes Bariumsulfat wurde als Weißstandard, ein Stück schwarze Pappe als Schwarzstandard verwendet. Alle Messungen, wie auch die Einstellung von Weiß- und

Schwarzstandard wurden, mit geöffnetem Shutter unter Abschirmung des Umgebungslichts per Hand durchgeführt.

Die Auswahl der Teststimuli erfolgte durch Berechnung der Parameter anhand der gemessenen Reflexionsspektren. Hierzu wurden folgende Formel verwendet: Die vorherrschende Wellenlänge ist definiert als die Wellenlänge mit maximalem Reflexionswert [$\lambda(R_{max})$]. Die Farbintensität ist definiert als kumulative Summe aller 400 Reflexionswerte im Bereich von 300 bis 700 nm [$\sum R(\lambda_{300-700})$]. Die Farbreinheit wird als die Differenz zwischen maximaler und minimaler Reflexion dividiert durch die mittlere Reflexion definiert [R_{max}-$R_{min}/R_{Mittelwert}$] (Valido et al 2011). Die Teststimuli wurden unter Berücksichtigung der berechneten Parameterwerte ausgewählt. Pro Versuchslinie mussten zwischen 30 und 50 verschiedene Pigmentmischungen angesetzt werden, um die gewünschte Auswahl an Kombinationen aus Farbintensität und Farbreinheit zu erreichen. Abb. 32 zeigt sowohl die Reflexionsspektren als auch die berechneten Parameterwerte aller vier Versuchslinien (Aufbau I – IV), die für die Versuche mit *Melipona quadrifasciata* und *Melipona mondury* verwendet wurden. Die Auswahl dieser Teststimuli entspricht den gewünschten Kombinationen aus Farbintensität und Farbreinheit. Die Reflexionsspektren und die berechneten Farbparameter der Teststimuli, die in den Versuchen mit *Bombus terrestris* verwendet wurden, sind in Abb. 33 dargestellt. Die Versuche mit *B. terrestris* (Versuchsphase 2) wurden zeitlich nach den Versuchen mit den Stachellosen Bienen (Versuchsphase 1) durchgeführt. Die Pigmentmischungen für die zweite Versuchsphase mussten neu angesetzt werden. Für die Herstellung dieser Teststimuli wurden die Mischungsverhältnisse (sprich die Mengenangaben der einzelnen Pigmentkomponenten) aus der ersten Versuchsphase übernommen, allerdings Bariumsulfat von einem anderen Hersteller verwendet. Dieses Bariumsulfat erscheint etwas heller und weist keinen Gelbstich[25] auf. Die Pigmentmischungen aus Versuchsphase 2 entsprechen daher nicht zu 100 % den gewünschten Kombinationen aus Farbintensität und Farbreinheit.

---

25 Möglicherweise ist das „alte" Bariumsulfat, welches für Versuchsphase 1 verwendet wurde, verunreinigt gewesen, sodass es im direkten Vergleich zum „neuen" Bariumsulfat aus Versuchsphase 2 etwas gelblicher und dunkler wirkte.

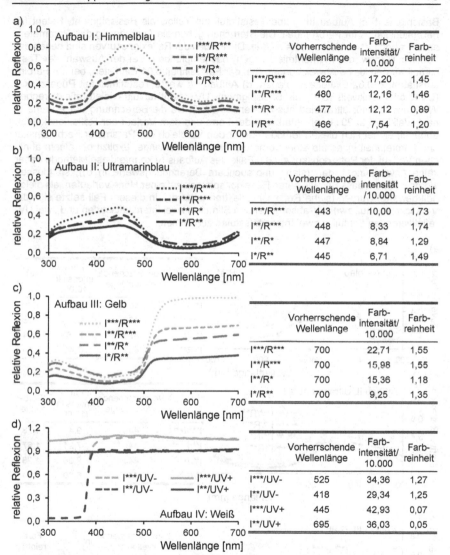

Abb. 32: Reflexionsspektren und Parameterberrechnung der vier Versuchslinien (Aufbau I-IV) aus Versuchsphase 1 (*Melipona quadrifasciata* und *Melipona mondury*). Dargestellt sind pro Aufbau die Reflexionsspektren der vier Teststimuli, wobei die relative Reflexion gegen die Wellenlänge zwischen 300 und 700 nm aufgetragen ist, sowie die Berechnung der Parameter vorherrschende Wellenlänge, Farbintensität und Farbreinheit nach den unter Abschnitt 3.1. vorgestellten Formeln. Die Farbintensität wurde zu Übersichtszwecken durch den Faktor 10.000 geteilt. a) Aufbau I: blaugrüne Teststimuli mit Sky Blue als Basispigment. b) Aufbau II: blaue Teststimuli mit Ultramarine Blue als

Basispigment. c) Aufbau III: gelbe Teststimuli mit Yellow als Basispigment. I steht für Farbintensität; R für Farbreinheit. Die Sternchen geben die Ausprägung des Parameters an: *** = hoch; ** = mittel und * = niedrig. Die Farben der Reflexionskurven sind denen der Teststimuli (bzw. der Pigmentmischungen) nachempfunden. Bei der Auswahl der Teststimuli wurden kleine Abweichungen (bei der Farbreinheit 0,01 Einheiten; bei der Farbintensität max. 0,62 Einheiten) toleriert. d) Aufbau IV: weiße Teststimuli mit Puderzucker (UV+) oder Zinkweiß (UV-) als Basispigment. UV+ steht für ultraviolett-reflektierendes Weiß und UV- für ultraviolett-absorbierendes Weiß. Da die Berechnung der Parameter nach Valido et al 2011 sehr stark von der Form und dem Verlauf der Reflexionskurven abhängt, eignet sich diese Methode nur für den Vergleich der Parameter Farbintensität und Farbreinheit innerhalb einer vorherrschenden Wellenlänge, explizit bei einem ähnlichen Verlauf der Reflexionskurven. Im Falle des Aufbaus IV konnte diese Methode daher keine Anwendung finden (siehe unbrauchbare Berechnungswerte in d)); stattdessen wurde definiert, dass Stimuli, deren Reflexionsplateau auf einer Höhe verlaufen, als gleich hell gewertet wurden (siehe Reflexionsspektren unter d)). In diesem Fall setzte sich die Versuchslinie aus zwei UV-absorbierenden Stimuli in zwei Intensitätsstufen und zwei UV-reflektierenden Stimuli in zwei Intensitätsstufen zusammen.

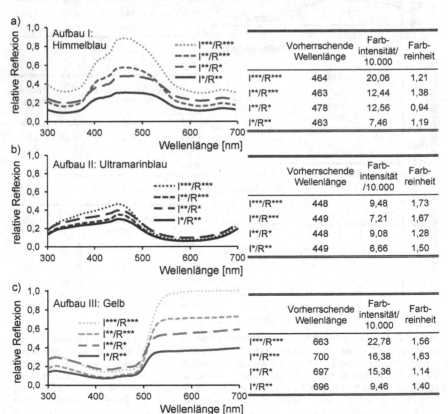

a) Aufbau I: Himmelblau

| I***/R*** | I**/R*** | I**/R* | I*/R** |

	Vorherrschende Wellenlänge	Farb-intensität/ 10.000	Farb-reinheit
I***/R***	464	20,06	1,21
I**/R***	463	12,44	1,38
I**/R*	478	12,56	0,94
I*/R**	463	7,46	1,19

b) Aufbau II: Ultramarinblau

| I***/R*** | I**/R*** | I**/R* | I*/R** |

	Vorherrschende Wellenlänge	Farb-intensität /10.000	Farb-reinheit
I***/R***	448	9,48	1,73
I**/R***	449	7,21	1,67
I**/R*	448	9,08	1,28
I*/R**	449	6,66	1,50

c) Aufbau III: Gelb

| I***/R*** | I**/R*** | I**/R* | I*/R** |

	Vorherrschende Wellenlänge	Farb-intensität/ 10.000	Farb-reinheit
I***/R***	663	22,78	1,56
I**/R***	700	16,38	1,63
I**/R*	697	15,36	1,14
I*/R**	696	9,46	1,40

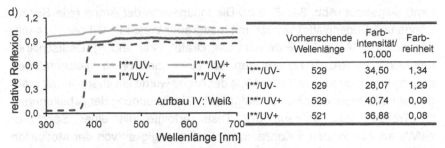

		Vorherrschende Wellenlänge	Farb-intensität/ 10.000	Farb-reinheit
I***/UV-	529	34,50	1,34
I**/UV-	529	28,07	1,29
I***/UV+	529	40,74	0,09
I**/UV+	521	36,88	0,08

Abb. 33: Reflexionsspektren und Parameterberrechnung der vier Versuchslinien (Aufbau I-IV) aus Versuchsphase 2 (*Bombus terrestris*). Wie auch in Abb. 32 ist im linken Teil der Abbildung die relative Reflexion der Teststimuli gegen die Wellenlänge von 300 bis 700 nm aufgetragen. Im rechten Bereich sind die berechneten Parameter für vorherrschende Wellenlänge, Farbintensität und Farbreinheit der vier Versuchslinien (Aufbau I-IV) aufgeführt. a) Aufbau I: Himmelblau; b) Aufbau II: Ultramarinblau; c) Aufbau III: Gelb; d) Aufbau IV: Weiß mit zwei ultraviolett-absorbierenden (UV-) und zwei ultraviolett-reflektierenden (UV+) Teststimuli. I steht für Farbintensität; R für Farbreinheit. Die Sternchen geben die Ausprägung des Parameters an: *** = hoch; ** = mittel; * = niedrig. Durch die Verwendung des „neuen" Bariumsulfats (AppliChem GmbH) treten teils starke Diskrepanzen zwischen gewünschten und erreichten Werten bei der Berechnung von Farbintensität und Farbreinheit auf. Bei der Farbreinheit treten Abweichungen um bis zu 0,17 Einheiten (Aufbau I: Himmelblau, Attrappen mit hoher Farbreinheit (1,21 bei Stimulus I***/R*** gegen 1,38 bei Stimulus I***/R***)) auf. Bei der Farbintensität sind die Auswirkungen noch gravierender, da hier Abweichungen bis zu 1,87 Einheiten (Aufbau II: Ultramarinblau, Attrappen mit mittlerer Farbintensität (7,21 bei Stimulus I**/R*** gegen 9,08 bei Stimulus I**/R*)) auftreten. Aufgrund des hohen Zeitaufwandes adäquate Pigmentmischungen herzustellen und der Tatsache, dass starke Abweichungen nur in wenigen Fällen auftreten, wurden die Versuche der Versuchsphase 2 mit diesen Pigmentmischungen durchgeführt.

3.2. Versuchsdesign & Versuchsdurchführung

3.2.1. Versuchsphase 1 – Arbeit mit *Melipona quadrifasciata* und *Melipona mondury*

Rahmenbedingungen des Versuchs

Die Versuche der Phase 1 wurden von Anfang Februar bis Mitte April 2013 an der UFPR (Universidade Federal Do Paraná) in Curitiba, Brasilien mit frei-fliegenden, erfahrenen Arbeiterinnen aus jeweils zwei Kolonien pro Art (*Melipona mondury* und *Melipona quadrifasciata*) durchgeführt. Alle Völker, mit denen gearbeitet wurde, waren für die Sommermonate in einem bepflanzten Innenhof der Universität auf einer Fläche von ca. 1500 bis 2000 m² untergebracht (Abb. 34a & 34b). Für die Durchführung der Versuche wurde eine Arena mit den Maßen 90 x 90 x 40 cm aus Karton an einem von zwei Versuchsplätzen in einer Distanz von 10 bis 30 Metern vom Bienenstock ent-

fernt, aufgebaut (Abb. 34c & 34d). Die Innenseiten der Arena (alle Seitenwände und Bodenplatte) wurden mit mattgrauer Weich-PVC-Folie (074 mittelgrau; ORACAL ® 631 Exhibition Cal; Orafol, Oranienburg, Deutschland)
(angelehnt an RAL 7042) bezogen, um einen einfarbigen, gleichmäßigen
Hintergrund zu erzeugen. In der Mitte der Arena wurde ein ebenfalls mit mattgrauer Folie bezogener Feeder aufgestellt. Die Belohnung der Arbeiterinnen
im Training und während der Tests erfolgte mit einer Saccharo-
se/Wasserlösung, deren Konzentration in Abhängigkeit von der Motivation
der Bienen gewählt wurde und zwischen 40 % und 80 % Saccharosegehalt
variierte. Für die Arbeit mit *M. quadrifasciata* musste ein olfaktorischer Hinweis in Form von Vanillinzucker mit 1 % Vanillin zu 99 % Zucker (RUF Le-
bensmittelwerk KG, Quakenbrück, Deutschland; 8 g pro 100 ml Saccha-
rose/Wasserlösung) der Belohnung beigefügt werden. Diese Bienenart benötigte einen olfaktorischen Hinweis, um den Feeder in der Mitte der Arena
und die Belohnungen der Blütenattrappen auffinden zu können.

Abb. 34: Innenhof der UFPR in Curitiba, Brasilien. a) Vorderseite des „Grünhauses" in
dem alle Utensilien des Versuchs untergebracht waren. Vor dem Grünhaus befand sich
jeweils ein Volk von *Melipona mondury* und *Melipona quadrifasciata* mit dessen Arbeiterinnen die Farbpräferenztests durchgeführt wurden. b) Rückseite des Grünhauses. Neben

den Völkern von *M. quadrifasciata* und *M. mondury* waren hier auch noch mehrere Völker von *Melipona marginata* untergebracht. c) Zeigt den Versuchsplatz, der vor dem Grünhaus gelegen war. Der gelbe Pfeil markiert den Standort der Arena. An diesem Platz wurde mit Arbeiterinnen der vorderen Völker gearbeitet. d) Zeigt die Versuchsfläche, die hinter den im rechten Teil von Abb. 34b) sichtbaren Hibiskussträuchern gelegen war. Hier wurde mit Bienen der hinteren Völker gearbeitet.

Um den Einfluss der Hintergrundfarbe auf das Wahlverhalten der Bienen zu untersuchen, wurden einige der Experimente mit einer zweiten Hintergrundfarbe wiederholt. Hierzu wurde eine weitere Arena, ebenfalls mit den Maßen 90 x 90 x 40 cm, mit mattgrüner Weich-PVC-Folie (061 grün; ORACAL ® 631 Exhibition Cal; Orafol, Oranienburg, Deutschland) (angelehnt an RAL 6029 und HKS 54) ausgekleidet. Der für das Training der Bienen benötigte Feeder wurde ebenfalls mit der mattgrünen Folie bezogen.

Training der Arbeiterinnen

Zur Vorbereitung der Versuchsphase wurden einzelne Arbeiterinnen vom Stockeingang bei Verlassen des Stocks abgefangen, zur Versuchsarena gebracht und dort an den in der Mitte der Arena positionierten Feeder angesetzt (Abb. 35a). In den meisten Fällen reichte ein einmaliges Ansetzen an den Feeder aus, um die Arbeiterin ausreichend zu motivieren wieder an den Versuchsplatz zurückzukehren. Kam die Arbeiterin zwar zurück zur Arena, fand den Feeder aber nicht selbstständig wieder, wurde die Arbeiterin erneut eingefangen und an den Feeder angesetzt. Nach ca. zwei- bis dreimaligem Rückkehren zur Arena, war die Arbeiterin in der Lage den Feeder zuverlässig und schnell aufzufinden. In diesem Fall wurde die Arbeiterin nun mittels „Tipp-Ex" (weißes Korrekturfluid auf Wasserbasis von BIC ecolutions) im dorsalen Bereich des Thorax markiert. Wurden zwei Arbeiterinnen zeitgleich getestet, wurden diese mit unterschiedlichen Farben markiert. Hierzu wurde das Korrekturfluid mit verschiedenfarbigen Pigmenten versetzt. Die Markierung hielt mindestens einen Tag und schien die Bienen weder gesundheitlich noch in ihrem Fouragierverhalten zu beeinträchtigen. Nach der Markierung wurde den Bienen maximal ein zweimaliges Zurückkehren zu Arena mit Feeder erlaubt. Im Anschluss wurde der Feeder entfernt, die Arena mit Wasser, versetzt mit ein wenig Spülmittel, gesäubert und getrocknet und die Farbstimuli der ersten Versuchslinie in der Arena platziert (Abb. 35b)

Versuchsablauf

Nach dem erfolgreichen Training wurden maximal zwei Bienen parallel getestet. Hierzu wurden die vier Farbstimuli einer Versuchslinie kreuzförmig, mit einer Distanz von 10 cm ausgehend vom Mittelpunkt in der Arena positioniert (Abb. 35b). Vor jeden Farbstimulus wurde eine Kappe eines Reaktionsgefäßes (z.B. 1,5 ml; VWR International GmbH, Darmstadt, Deutschland) gelegt und mit einer Belohnung (Saccharose/Wasserlösung; Konzentration des Trainings) versehen, wobei darauf geachtet wurde, dass während dem gesamten Versuch die Menge der Belohnung aller vier Farbstimuli durch regelmäßiges Auffüllen konstant hoch gehalten wurde. Durch die große Belohnungsmenge wurde sichergestellt, dass eine Arbeiterin pro Anflug nur eine Attrappe anflog, an dieser Attrappe so viel Zuckerlösung zu sich nehmen konnte, dass der Honigmagen vollständig gefüllt war und die Biene auf direktem Weg zum Stock zurückflog.

Pro Versuchslinie wurden 16 Anflüge bzw. Landungen pro Arbeiterin ausgewertet, wobei nach jedem vierten Anflug die Position der Farbstimuli verändert wurde. So wurde gewährleistet, dass jeder Farbstimulus für jeweils vier Anflüge an einer Position, also jeder Farbstimulus an jeder der vier Positionen, platziert wurde und so eine möglicherweise vorhandene Positionspräferenz aufgedeckt werden konnte. Auch die Reihenfolge der durchgeführten Versuchslinien wurde von Tag zu Tag variiert, um mögliche Einflüsse, wie z.B. unterschiedlich lange Habituationszeiten an einen bestimmten Farbstimulus oder Verstärkung/Abschwächung angeborener oder erlernter Farbpräferenzen durch einen bestimmten Farbstimulus, zu minimieren.

Jede der trainierten Arbeiterinnen durchlief alle vier Versuchslinien (Aufbau I bis IV: Himmelblau, Ultramarinblau, Gelb und Weiß). Im Anschluss wurde der jeweils präferierte Farbstimulus aus jeder Versuchslinie (Aufbau I bis IV) bestimmt und eine zusätzliche Versuchslinie (Aufbau V: vorherrschende Wellenlänge) aus diesen präferierten Farbstimuli zusammengestellt. Mit dieser Testprozedur konnte durch die ersten vier Versuchslinien (Aufbau I-IV), die für alle Arbeiterinnen gleich gestaltet wurden, der Einfluss von Farbintensität und Farbreinheit innerhalb einer definierten vorherrschenden Wellenlänge untersucht werden. In der für jede Arbeiterin individuell gestalteten Versuchslinie (Aufbau V) konnte der Einfluss des Parameters vorherrschende Wellenlänge untersucht und die individuelle Präferenz für diesen Farbparameter jeder getesteten Arbeiterin bestimmt werden. Insgesamt wurden pro Arbeiterin die fünf vorgestellten Versuchslinien mit je 16 Anflügen ausgewertet, also 80 Datenpunkte pro Arbeiterin generiert. Es konnten 23 gültige[26] von 25 getesteten Arbeiterinnen von *M. mondury* (insgesamt 1840 Datenpunkte) auf grauem Hintergrund, 19 gültige von 25 getesteten Arbeiterinnen von *M. mondury* (insgesamt 1520 Datenpunkte) auf grünem Hintergrund und 14 gültige von 15 getesteten Arbeiterinnen von *M. quadrifasciata* (insgesamt 1120 Datenpunkte) auf grauem Hintergrund gewertet werden. Aufgrund der nicht-permanenten Markierung der Bienen wurden Arbeiterinnen, die den gesamten Versuch durchlaufen hatten, getötet.

Abb. 35: Aufbau der Arena am Versuchsplatz und Darstellung der Versuchsaufbauten I bis V. a) In der Mitte der Arena war ein belohnender Feeder aufgestellt, der, wie auch Seitenwände und Bodenplatte der Arena, mit mattgrauer Weich-PVC-Folie bezogen war. An diesem Feeder wurden die Arbeiterinnen so lange trainiert, bis diese selbstständig in die Arena fanden, um dort fouragieren zu können. **b)** Im Anschluss an eine erfolgreiche Trainingsphase wurde der Feeder aus der Arena entfernt und durch die Teststimuli (dargestellt ist Aufbau III; Gelb) ersetzt. Bei der Positionierung der Farbstimuli wurde darauf geachtet, dass jeder Farbstimulus ca. 10cm vom Mittelpunkt der Arena entfernt und im ähnlichen Abstand zu den anderen drei Farbstimuli aufgestellt wurde. **c)** Darstellung aller Versuchslinien, wobei Aufbau V exemplarisch zusammengestellt ist. Von links nach rechts sind die Aufbauten I bis V (I: Himmelblau, II: Ultramarinblau, III: Gelb, IV: Weiß und V: vorherrschende Wellenlänge) abgebildet. Zur Mitte der Arena hin ausgerichtet, sind die Behälter für die Belohnung in Form von Saccharose/Wasserlösung erkennbar.

---

26 Gültig = Die getestete Arbeiterin zeigt keine Positionspräferenz (Definition siehe Kapitel 3.3.).

Umgang mit olfaktorischen Fußabdrücken, scent marks und scent trails

Wie auch andere Stachellose Bienenarten (Lindauer & Kerr 1958; Nieh 2004) orientieren sich Arbeiterinnen von *M. quadrifasciata* und *M. mondury* sehr stark an olfaktorischen Hinweisen (Hrncir et al 2000; Jarau et al 2000; eigene Beobachtungen). In vielen Fällen geschieht diese Orientierung durch die aktive Markierung von Futterquellen oder deren näheren Umgebung („scent marks") (Schmidt et al 2003; Hrncir et al 2004). Im Gegensatz zu anderen Stachellosen Bienenarten markieren Arten der Gattung *Melipona* keine Punkte zwischen Stock und Futterquelle („scent trails") (Lindauer & Kerr 1958; Hrncir et al 2000). Über die Bewertung von passiv hinterlassenen Spuren („olfaktorische Fußabdrücke") ist keine eindeutige Aussage zu treffen.

Um den Einfluss der olfaktorischen Hinweise zu minimieren, wurden einige Regeln für die Bewertung und den Umgang von und mit solchen Hinweisen aufgestellt. Nach dem Antrainieren einer Arbeiterin wurde die Arena mit Wasser und Spülmittel gereinigt und getrocknet. Zudem wurde nach Beendigung einer Versuchslinie (also nach spätestens 16 Anflügen) die Reinigung der Arena wiederholt. Am Ende eines jeden Versuchstages wurde die Arena zuerst mit Wasser und Spülmittel, anschließend mit Ethanol ausgewaschen. Die obersten Pigmentschichten der Farbstimuli wurden entfernt, die Plastikränder der Zellkulturschalen mit Ethanol gereinigt und im Anschluss die Oberfläche der Farbstimuli mit frischer Pigmentmischung erneuert. So wurde gewährleistet, dass die Arena und die Farbstimuli für den nächsten Versuchstag, also für die nächste Biene, frei von olfaktorischen Hinweisen waren.

Die Bewertung der olfaktorischen Hinweise während der Testphase war stark vom getesteten Individuum abhängig. Einige Bienen haben lediglich außerhalb der Arena markiert und sich innerhalb der Arena ausschließlich an den Farbstimuli orientiert. Andere Bienen hingegen verließen sich bei der Orientierung sehr stark auf olfaktorische Hinweise und markierten auch innerhalb der Arena (insbesondere Wände und Boden in der Nähe der Farbstimuli). Für diesen Fall wurden weitere Regeln aufgestellt:

- Arbeiterinnen mussten in direkter Nähe zum Farbstimulus landen, damit der Anflug als gültig gewertet wurde. Anflüge in die Mitte der Arena mit anschließendem Laufen zur Belohnung wurden nicht gewertet. In diesem Fall wurde der Anflug wiederholt.

- Flog eine Arbeiterin eine Position mehr als zweimal hintereinander an, wurde der Versuch kurz unterbrochen, die Arena gesäubert und sowohl Farbstimulus als auch Belohnung (inklusive Behälter) erneuert. Anschließend wurde der Versuch fortgesetzt, die letzte Wahl (also der dritte Anflug auf eine Position) wurde für ungültig erklärt und wiederholt.

- Bienen, die mehr als drei Mal von einer der oben beschriebenen Regeln betroffen waren oder die eine Positionspräferenz[27] zeigten, wurden vom Versuch ausgeschlossen. Die Versuche wurden an einem anderen Tag mit einer anderen Biene wiederholt.

3.2.2. Versuchsphase 2 – Arbeit mit *Bombus terrestris*

Rahmenbedingungen des Versuchs

Die Versuche der Phase 2 wurden von Oktober bis Dezember 2013 in den Räumen des Instituts für Sinnesökologie an der Heinrich-Heine Universität Düsseldorf mit blütennaiven Arbeiterinnen von *Bombus terrestris* durchgeführt. Das genutzte Laborvolk (Standard-Volk; Biobest Belgium N.V.; Westerlo, Belgien) wurde über einen Plexiglasgang an einen Flugkäfig angeschlossen, in dem die Arbeiterinnen frei fouragieren konnten. Als Nektarersatz wurde mit Wasser verdünntes BIOGLUC® (Zuckergehalt ca. 30 %) in durchsichtigen Einwegspritzen mit weißem Plastikkolben angeboten. Die Fütterung erfolgte *ad libitum*. Aufgrund der räumlichen Distanz zwischen Nektarersatz und Spritzenkolben wird davon ausgegangen, dass die Arbeiterinnen keine Assoziation zwischen weißem Plastikkolben und Nektarersatz herstellten. Pollen wurde direkt in die Nestbox gegeben, sodass die Arbeiterinnen auch hier keine Assoziation zwischen Nahrungsquelle und der gelben Färbung des Pollens ausprägen konnten.

Die Arena für diese Versuchsphase bestand aus Sperrholzplatten mit den Maßen 90 x 90 x 40 cm und wurde mit mattgrauer Weich-PVC-Folie (074 mittelgrau; ORACAL ® 631 Exhibition Cal; Orafol, Oranienburg, Deutschland) (angelehnt an RAL 7042) ausgekleidet. Über die Arena wurde ein weißes Fliegennetz gehängt, sodass die getesteten Hummeln einfach aus der Arena abgesammelt werden konnten. Die Beleuchtung der Arena erfolgte mit insgesamt vier Leuchtstofflampen (LUMILUX T8 L 58 W/865;

---

27 Ob eine Positionspräferenz vorlag oder nicht, wurde im Anschluss an die Versuche statistisch mittels Chi-Quadrat-Test überprüft (Näheres in Kapitel 3.3.).

Osram GmbH; München, Deutschland), die oberhalb des Netzes angebracht wurden (Abb. 36a; b) und eine Beleuchtungsstärke von ca. 2000 lux erbrachten.

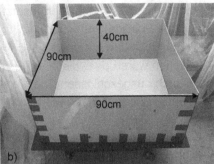

Abb. 36: Aufbau der Versuchsarena aus Versuchsphase 2. a) Die Arena wurde etwas erhöht unter einem Fliegennetz aufgestellt und von vier Leuchtstoffröhren gleichmäßig ausgeleuchtet, sodass auf dem Boden der Arena kein Schattenwurf entstand. b) Aufsicht auf die Arena. Die Hummeln wurden während der Versuchsphase an der Oberkante der Arena entlassen und flogen selbständig zu den auf dem Boden der Arena befindlichen Blütenattrappen.

Training der Arbeiterinnen

Die Trainingsprozedur musste für die Arbeit mit *B. terrestris* modifiziert werden, da die Arbeiterinnen sich nur schwer in der Arena zurechtfanden und einen Feeder, der sich farblich nicht vom Hintergrund unterschied, nicht auffinden konnten. Die verschiedenen Modifikationen werden in diesem Kapitel vorgestellt.

Bereits einen Tag vor Versuchsbeginn wurden Arbeiterinnen, die im Flugkäfig fouragierten und Nektar ins Nest eintrugen, abgefangen und mit nummerierten Opalithplättchen markiert. Am Versuchstag wurde eine dieser markierten Arbeiterinnen aus dem Plexiglasgang mittels Fangröhrchen abgefangen und an einen Feeder in der Mitte der Arena angesetzt. Der Feeder bestand aus einer kleinen Zellkulturschale (Ø 4,0 cm), die mit grauer PVC-Folie beklebt und auf einer schwarzen Pappe (5,5 x 5,5 cm) in der Mitte der Arena präsentiert wurde. Auf die Oberseite der Zellkulturschale wurde ein großer

Tropfen einer 50%igen Saccharose/Wasserlösung aufgetragen (Abb. 37b). Nachdem die Hummel den Tropfen verzehrt und ihren Orientierungsflug absolviert hatte, wurde sie eingefangen und wieder in den Plexiglasgang entlassen, sodass sie ihren Honigmagen im Nest entleeren konnte. Die Arbeiterin wurde beim Verlassen des Nestes wieder aus dem Gang abgefangen, erneut an den Feeder angesetzt, nach dem Trinken abgefangen und in den Gang entlassen. Dieser Vorgang wurde mehrere Male wiederholt, wobei die Arbeiterin mit jedem weiteren Trainingslauf etwas weiter entfernt vom Feeder freigelassen wurde. Die Trainingsphase endete, wenn die Arbeiterin sicher von der Oberkante der Arena bis zum Feeder fliegen konnte. Je nach „Begabung" der Hummel wurden hierfür zwischen 5 und 10 Trainingsläufe benötigt. Arbeiterinnen, die sich nach 10 Trainingsdurchläufen nicht in der Arena orientieren konnten, wurden von den Versuchen ausgeschlossen. Die Trainingsphase erfolgte immer unmittelbar vor der Testphase.

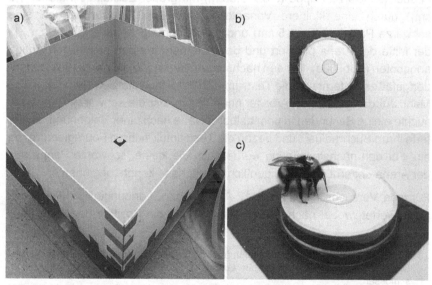

Abb. 37: Aufbau der Arena während der Trainingsphase. a) Übersicht der Arena mit mittig platziertem Feeder, der für Versuchsphase 2 mit *Bombus terrestris* verwendet wurde. b) Detaillierte Aufsicht auf den Feeder. c) *Bombus*-Arbeiterin beim Verzehr der Belohnung. Wie auch in Versuchsphase 1 mit den Stachellosen Bienen, wurde eine unbegrenzte Belohnung angeboten.

Versuchsablauf

Der Versuchsablauf erfolgte ähnlich wie bereits unter 3.2.1. beschrieben. Nach der erfolgreichen Trainingsphase wurde der Feeder inklusive schwarzer Pappe aus der Arena entfernt und die vier Farbstimuli kreuzförmig in der Arena platziert. Vor jeden Teststimulus wurde eine Kappe eines Reaktionsgefäß gelegt und mit 50%iger Saccharose/Wasserlösung befüllt (Abb. 38c). Während der Vorversuche[28] stellte sich heraus, dass die Hummeln mit einem direkten Übergang von Trainings- zu Testphase nicht zurechtkamen und in der Testphase nach oben in das Netz flogen ohne am Boden der Arena nach einer Belohnung zu suchen. Dieses Verhalten ließ sich auch dann nicht abstellen, wenn die Hummel vom Netz abgesammelt wurde und erneut in die Arena entlassen wurde. Daher wurde eine Übergangsphase eingeführt (Abb. 38 a; b), die aus zwei Teilen bestand: Nach dem Training wurde der große Feeder (schwarze Pappe (5,5 x 5,5 cm) mit grauer Zellkulturschale (Ø 4,0 cm)) durch eine kleinere Variante ausgetauscht. Hierfür wurden eine schwarze Pappe (1,5 x 1,5 cm) und ein Belohnungsbehälter (Ø 1,0 cm) in der Mitte der Arena platziert und der Hummel für einen einmaligen Anflug angeboten (Abb. 38a). Für den nächsten Anflug wurde die Kappe des Eppendorfgefäßes entfernt und die Teststimuli in der Arena platziert (Abb. 38b). Die Mehrzahl der getesteten Arbeiterinnen flog zuerst die schwarze Pappe an, suchte einige Sekunden in unmittelbarer Nähe nach einer Belohnung, erweiterte ihren Suchradius[29] und bezog die Teststimuli in ihren Fouragiervorgang ein. Für den nächsten Anflug wurde auch die kleine, schwarze Pappe aus der Arena entfernt und die eigentliche Testphase konnte beginnen.

Für jede Versuchslinie wurden 12 Anflüge bzw. Landungen pro Arbeiterin ausgewertet, wobei nach jedem dritten Anflug die Position der Farbstimuli

---

28 Phase, in denen das Versuchsdesign an die Arbeit mit *B. terrestris* angepasst wurde. Die hierfür verwendeten Hummeln wurden von der eigentlichen Testphase ausgeschlossen.

29 Dieses Verhalten war sehr faszinierend zu beobachten, da die Hummeln zuerst in unmittelbarer Nähe der Pappe (ca. 1 cm über dem Boden, in einem Radius von maximal 3 cm) suchten und wirkten als wären sie ausschließlich auf dieses Stückchen Pappe fixiert. Nach einigen Sekunden wirkte es so, als würde den Hummeln klar werden, dass es hier keine Belohnung gibt. Sie weiteten ihren Suchradius aus (ca. 15-20 cm über dem Boden, in einem geschätzten Radius von ca. 40 cm) und bezogen die Teststimuli nun in ihre Wahl ein. In der Mehrzahl der Fälle flogen die Hummeln einen Stimulus direkt an und suchten anschließend in dessen näherer Umgebung nach der Belohnung.

verändert wurde. Auch in dieser Versuchsphase wurde die Reihenfolge der durchgeführten Versuchslinien variiert, sodass jeder Arbeiterin eine unterschiedliche Reihenfolge der Versuchslinien präsentiert wurde. Jede trainierte Arbeiterin durchlief alle vier Versuchslinien (Aufbau I bis IV: Himmelblau, Ultramarinblau, Gelb und Weiß) mit abschließender, fünften Versuchslinie (Aufbau V: vorherrschende Wellenlänge), die auch hier für jede Arbeiterin individuell zusammengestellt wurde. Pro Arbeiterin konnten 60 Datenpunkte (fünf Versuchslinien mit je 12 Anflügen) generiert werden. Insgesamt konnten zehn gültige von zehn getesteten Arbeiterinnen von *B. terrestris* (600 Datenpunkte) auf grauem Hintergrund gewertet werden.

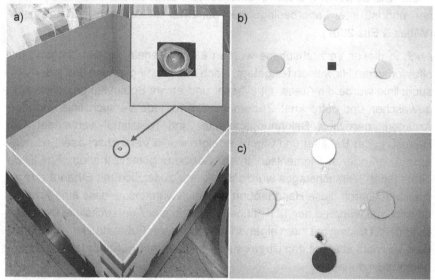

Abb. 38: Aufbau von Übergangsphase und Testphase aus Versuchsphase 2 mit *Bombus terrestris*. a) Zeigt den ersten Teil der Übergangsphase in dem der Hummel ein kleiner Feeder zur Verfügung gestellt wurde, sodass diese den „neuen" Belohnungsbehälter kennen lernen konnte. b) Hier dargestellt ist der zweite Teil der Übergangsphase: Der Belohnungsbehälter wurde entfernt und die Teststimuli in der Arena platziert. c) Exemplarische Darstellung der Testphase. Die abgebildete Arbeiterin befand sich zum Zeitpunkt der Fotografie bereits im letzten Versuchsabschnitt (Aufbau V: vorherrschende Wellenlänge) und hatte sich für den ultramarinblauen Teststimulus entschieden.

Umgang mit olfaktorischen Fußabdrücken

Im Gegensatz zu Honigbienen und Stachellosen Bienen, von denen bekannt ist, dass diese aktiv Futterquellen, die nähere Umgebung oder den Weg vom Stock zur Futterquelle mit sogenannten „scent marks" markieren (z.B. Lindauer & Kerr 1958; Giurfa & Núñez 1992), ist es bei *B. terrestris* nicht eindeutig geklärt, ob diese ihre Futterquellen aktiv markieren können (Witjes & Eltz 2007). Vermutlich handelt es sich eher um einen passiven Vorgang, bei dem kutikuläre Kohlenwasserstoffe während dem Blütenbesuch bei der Berührung von Blütenstrukturen auf diese übertragen werden (Wilms & Eltz 2008). Die Bewertung dieser olfaktorischen Fußabdrücke erfolgt durch Lernen und ist unter Laborbedingungen bei einer ad libitum Fütterung positiv (Witjes & Eltz 2007).

Auch in dieser Versuchsphase wurden einige Regeln für den Umgang mit olfaktorischen Hinweisen festgelegt. Nach der Trainingsphase und jeder Versuchslinie wurde die Arena mit Wasser und etwas Spülmittel gründlich ausgewaschen und getrocknet. Zudem wurden für jede Versuchslinie und jede Arbeiterin gereinigte Belohnungsbehälter und Teststimuli verwendet. Die Reinigung der Behälter und Stimuli erfolgte wie in Versuchsphase 1 (Erneuerung der oberen Pigmentschichten, Säuberung mit Ethanol). Am Ende eines jeden Versuchstages wurde die Arena zusätzlich mit Ethanol ausgewaschen. Durch diese Handhabung wurde gewährleistet, dass eine Arbeiterin maximal während der 12 Anflüge innerhalb einer Versuchslinie und während dem Training mit ihren eigenen olfaktorischen Fußabdrücken in Kontakt kam, niemals aber mit den Überresten olfaktorischer Fußabdrücke eines anderen Individuums.

Die Bewertung der olfaktorischen Fußabdrücke während der Testphase gestaltete sich schwierig, da bei *B. terrestris* zeitweise nicht eindeutig zu beobachten war, ob eine Arbeiterin auf olfaktorische (Fußabdrücke/Geruch des Zuckers) oder visuelle (Farbe der Teststimuli) Reize reagierte. Um den Einfluss der olfaktorischen Reize zu minimieren, wurden neben den oben aufgeführten Aspekten die Regeln aus Versuchsphase 1 übernommen. Folgende Regeln fanden während der Testphase Anwendung:

- Die Arbeiterin musste in direkter Nähe zum Farbstimulus landen, damit der Anflug als gültig gewertet wurde. Anflüge in die Mitte der Arena mit

- anschließendem Laufen zur Belohnung wurden nicht gewertet. In diesem Fall wurde der Anflug wiederholt.

- Flog eine Arbeiterin eine Position mehr als zweimal hintereinander an, wurde der Versuch kurz unterbrochen, die Arena gesäubert und sowohl Farbstimulus als auch Belohnung (inklusive Behälter) erneuert. Anschließend wurde der Versuch fortgesetzt, die letzte Wahl (also der dritte Anflug auf eine Position) wurde für ungültig erklärt und wiederholt.

3.3. Auswertung der Daten

Die gesamte statische Auswertung erfolgte mittels Anwendung der frei verfügbaren Statistikprogramme R (Version 2.15.1; http://www.r-project.org) und RStudio (Version v0.97; http://www.rstudio.com).

3.3.1. Überprüfung auf mögliche Positionspräferenzen

In einem ersten Schritt wurde überprüft, ob die getestete Arbeiterin eine Positionspräferenz zeigt. Hierfür wurde für jedes Individuum und jede Versuchslinie mittels Chi-Quadrat-Test (Chi-squared test for given probabilities) überprüft, ob die Anzahl der Anflüge auf eine Position von einer Zufallsverteilung abweicht. War dies in drei der fünf Versuchslinien der Fall, wurde dies als Positionspräferenz definiert und die Biene für ungültig erklärt, die Datenpunkte verworfen und der Test mit einer neuen Biene wiederholt.

3.3.2. Analyse der Datenpunkte gültiger Bienen

Für die weitere Analyse der gültigen Daten wurde jede Bienenart, jeder Hintergrund und jede Versuchslinie getrennt betrachtet. So wurden beispielsweise alle 16 Anflüge aller 23 gültigen Arbeiterinnen von *Melipona mondury* aus Versuchslinie 1 (Himmelblau), getestet auf grauem Hintergrund, zusammengefasst, um die Farbpräferenzen dieser Art, in dieser Versuchslinie, auf diesem Hintergrund, zu erfassen. Für eine allgemeine Analyse der Zusammenhänge zwischen Anflughäufigkeit und den Farbeigenschaften der Teststimuli wurden Korrelationsanalysen (Spearman Rangkorrelation) durchgeführt. Für eine detaillierte Analyse des Wahlverhaltens wurde in einem ersten Schritt mit Hilfe eines Generalisierten Linearen Models auf Basis einer Poisson-Verteilung ($GLM_{poisson}$) getestet, ob der Farbstimulus einen Einfluss auf die Anflughäufigkeit hatte. Konnte ein signifikanter Einfluss nachgewiesen werden, wurde ein Post-hoc Test (gepaarter Wilcoxon-Test) durchgeführt, um aufzudecken zwischen welchen Teststimuli die Unterschiede bestanden. Die im Post-hoc Test ermittelten p-Werte wurden nach der Bonferroni-Methode korrigiert.

3.3.3. Darstellung im Farbhexagon und Berechnung von Kontrasten

Ergänzend wurden die verwendeten Farbstimuli im Farbhexagon nach Chittka (1992) dargestellt, um gezeigte Präferenzmuster möglicherweise erklären zu können. Für die Berechnung der Erregungswerte der Photorezeptortypen durch die einzelnen Farbstimuli wurde das Programm Photoreceptor Exictation (Institut für Sinnesökologie, Heinrich-Heine Universität, Düsseldorf) verwendet. Dieses Programm nutzt die in Kapitel 2.9. ausführlich vorgestellten Formeln als Berechnungsgrundlage, die daher an dieser Stelle nur kurz zusammengefasst werden sollen.

Zuerst wurde der Quantumcatch Q, der den relativen Betrag an Licht, welcher durch einen Photorezeptor absorbiert wird, angibt, berechnet:

$$Q = \int_{300}^{700} I_S(\lambda) \cdot S(\lambda) \cdot D(\lambda) \cdot d(\lambda) \qquad \text{(Kelber et al 2003)}$$

Dabei gibt $I_S(\lambda)$ die spektrale Zusammensetzung des Farbreizes, $S(\lambda)$ die spektrale Sensitivität des Photorezeptortyps, $D(\lambda)$ die spektrale Zusammensetzung der Beleuchtung und $d(\lambda)$ die Schrittweise der Wellenlänge an.

Da die Photorezeptoren der Biene an das Umgebungslicht adaptieren, wurde ein Sensitivitätsfaktor R ermittelt:

$$R = 1 \, / \, \int_{300}^{700} I_B(\lambda) \cdot S(\lambda) \cdot D(\lambda) \cdot d(\lambda) \qquad \text{(Chittka \& Kevan 2005)}$$

$I_B(\lambda)$ gibt dabei die spektrale Zusammensetzung des Farbreizes des Hintergrundes an.

Aus Quantumcatch Q und Senisitivitätsfaktor R ließ sich der effektive Quantumcatch P ermitteln:

$$P = Q \cdot R \qquad \text{(Rhode et al 2013)}$$

Da davon ausgegangen wird, dass der effektive Quantumcatch P nicht mit der Erregung der Photorezeptortypen E übereinstimmt, sondern ein nicht-linearer Phototransduktionsprozess abläuft, wurden die berechneten Werte für den effektiven Quantumcatch P normalisiert (Chittka & Kevan 2005):

$$E = \frac{P}{(P+1)} \qquad \text{(Chittka \& Kevan 2005)}$$

Die Erregungswerte der drei Photorezeptortypen wurden als Berechnungs-grundlage für die Darstellung der Farborte im Farbhexagon nach Chittka (1992) genutzt. Zur graphischen Darstellung wurde das Programm Color Hexagon (Institut für Sinnesökologie, Heinrich-Heine Universität, Düsseldorf) verwendet.

Mit Hilfe des Hexagons wurden der Farbkontrast, definiert als Distanz des Farbortes zum Hintergrund, und die spektrale Reinheit, definiert als Distanz zwischen Farbort und Hintergrund in Relation zur Distanz zwischen Spekt-ralfarbenzug und Hintergrund, ermittelt.

Weiterhin wurden die rezeptorspezifischen Kontraste q zwischen Farbstimu-lus und Hintergrund mit Hilfe des Quantumcatches Q berechnet:

$$q = \frac{Q_{Farbstimulus}}{Q_{Hintergrund}} \qquad \text{(Rhode et al 2013)}$$

Für alle ermittelten Kontraste (rezeptorspezifische Kontraste für S-, M- und L-Rezeptor, Farbkontrast und spektrale Reinheit) wurden Korrelationsanaly-sen (Spearman Rangkorrelation) zwischen der Anflughäufigkeit auf einen Stimulus und dem jeweiligen Kontrast des Stimulus durchgeführt.

4. Ergebnisse

4.1. Farbpräferenztests mit *Melipona quadrifasciata* (grauer Hintergrund)

4.1.1. Korrelationsanalyse: vorhergesagte vs. gezeigten Präferenzen

In einem ersten Schritt wurde mittels Spearman-Rangfolgetest überprüft, ob ein Zusammenhang zwischen einem einzelnen Farbparameter (Farbreinheit, Farbintensität oder vorherrschender Wellenlänge) und den gezeigten Präferenzen besteht[30]. Hierzu wurden folgende Hypothesen überprüft:

1. Die relative Anzahl der Anflüge ist von der <u>Farbreinheit</u> der Farbstimuli abhängig. Farbstimuli mit hoher Farbreinheit werden unabhängig von vorherrschender Wellenlänge und Farbintensität präferiert.
2. Die relative Anzahl der Anflüge ist von der <u>Farbintensität</u> der Farbstimuli abhängig. Farbstimuli mit hoher Farbintensität werden unabhängig von vorherrschender Wellenlänge und Farbreinheit präferiert.
3. Die relative Anzahl der Anflüge ist von der <u>vorherrschenden Wellenlänge</u> der Farbstimuli abhängig. Farbstimuli mit einer vorherrschenden Wellenlänge im kurzwelligen Bereich werden unabhängig von Farbintensität und Farbreinheit präferiert.

Für die ersten vier Versuchslinien (Aufbau I: Himmelblau; Aufbau II: Ultramarinblau; Aufbau III: Gelb; Aufbau IV: Weiß) wurden jeweils die berechneten Parameterwerte für Farbreinheit und Farbintensität und die zugehörigen Farbstimuli in eine Rangfolge gebracht. Die folgende Tabelle zeigt dies exemplarisch für die erste Versuchslinie (Aufbau I: Himmelblau).

Tab. 7: Generierung der erwarteten Präferenzfolge am Beispiel der Farbparameter Farbreinheit und Farbintensität für Versuchslinie 1 (Aufbau I: Himmelblau). Für jeden Farbparameter und jede Versuchslinie wurde zur Vorbereitung der Korrelationsanalysen eine erwartete Rangfolge entsprechend der oben genannten Hypothesen generiert (hohe Farbreinheit > mittlere Farbreinheit > niedrige Farbreinheit bzw. hohe Farbintensität > mittlere Farbintensität > niedrige Farbintensität). Die Tabelle zeigt dies am Beispiel der Versuchslinie 1. Die nach Valido et al (2011) berechneten Parameterwerte für Farbreinheit (linker Tabellenbereich) und Farbintensität (rechter Tabellenabschnitt) wurden von maximalem zu minimalem Wert hin sortiert. Im Anschluss wurden die zugehörigen Farbstimuli

---

30 In diesem Abschnitt wird explizit nur der Einfluss eines einzelnen Parameters überprüft. Natürlich ist auch denkbar, dass das Wahlverhalten der Biene durch eine bestimmte Parameterkombination determiniert wird. Auf diese Überlegung wird in der detaillierte Betrachtung der gezeigten Farbpräferenzen und der zugehörigen Diskussion eingegangen.

(jeweils mittlere Tabellenspalte) und relative Anzahl der Anflüge (jeweils rechte Tabellenspalte) zugeordnet. Der Wert für den Parameter Farbintensität ist aus Übersichtsgründen als Ursprungswert dividiert durch den Faktor 100.000 angegeben.

Aufbau I: Himmelblau - Farbreinheit			Aufbau I: Himmelblau - Farbintensität		
berechneter Parameter-wert	zugehöriger Farbstimulus	relative Anzahl der Anflüge	berechneter Parameter-wert	zugehöriger Farbstimulus	relative Anzahl der Anflüge
1,46	I**/R***	0,21	1,72	I***/R***	0,21
1,45	I***/R***	0,21	1,22	I**/R***	0,21
1,20	I*/R**	0,33	1,21	I**/R*	0,25
0,89	I**/R*	0,25	0,75	I*/R**	0,33

Für die fünfte Versuchslinie wurden die Farbstimuli nach ihrer Wellenlänge (von kurzwellig nach langwellig) in eine Rangfolge gebracht. Mittels Spearman-Rangfolgetest wurde ermittelt, ob zwischen den generierten (bzw. erwarteten) Präferenzen und den gezeigten Präferenzen ein Zusammenhang besteht.

Für die Auswertung wurden je 16 Anflüge von 14 gültigen Arbeiterinnen der Art *Melipona quadrifasciata* pro Versuchslinie, also 224 Datenpunkte pro Versuchslinie, berücksichtigt. Insgesamt wurden neun Spearman-Rangfolgetests durchgeführt: vier Tests, um den Einfluss der Farbreinheit innerhalb der verschiedenen Testlinien zu untersuchen, vier Tests, um den Einfluss der Farbintensität innerhalb der vier Testlinien zu untersuchen und ein Test, um den Einfluss der vorherrschenden Wellenlänge innerhalb der fünften Versuchslinie zu betrachten. Lediglich in der gelben Versuchslinie (Aufbau III) konnte ein grenzsignifikanter positiver Zusammenhang zwischen Farbreinheit und der relativen Anzahl der Anflüge nachgewiesen werden (p = 0,051; rho = 0,949; R^2 = 0,900; S = 0,513; siehe Abb. 39). Die Arbeiterinnen von *M. quadrifasciata* zeigten eine tendenzielle Präferenz für gelbe Farbstimuli mit hoher Farbreinheit[31]. Für die übrigen Versuchslinien konnten keine signifikanten Zusammenhänge zwischen den erwarteten Präferenzen und den gezeigten Präferenzen aufgezeigt werden (Abb. 39).

---

31 Wichtig: diese Aussage gilt nur innerhalb der gelben Versuchslinie. Es kann keine Aussage darüber getroffen werden, ob diese Präferenz bestehen bleibt, wenn der Versuch um weitere Farbstimuli mit abweichenden vorherrschenden Wellenlängen erweitert wird.

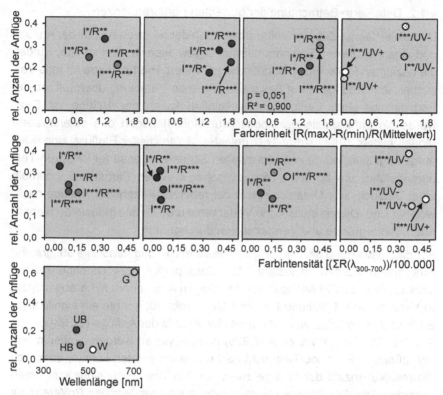

Abb. 39: Ergebnisse der Spearman-Rangfolgetests für die Farbpräferenztests mit *Melipona quadrifasciata* auf grauem Hintergrund. Aufgetragen ist die relative Anzahl der Anflüge für die fünf Versuchslinien jeweils gegen die berechneten Parameterwerte für Farbreinheit (oberer Abschnitt), Farbintensität (mittlerer Abschnitt) und vorherrschende Wellenlänge (unterer Abschnitt). Sollten innerhalb der Graphen weitere Werte aufgeführt sein (p-Wert und R²-Wert), konnte eine Korrelation zwischen erwarteter und beobachteter Präferenzrangfolge nachgewiesen werden. Die erwarteten Rangfolgen wurden entsprechend der unter Kapitel 4.1. genannten Hypothesen generiert. I = Farbintensität; R = Farbreinheit; UV- = ultraviolett absorbierend; UV+ = ultraviolett reflektierend; *** = hoch; ** = mittel; * = niedrig; HB = himmelblau; UB = ultramarinblau; G = gelb; W = weiß.

4.1.2. Detaillierte Betrachtung der gezeigten Farbpräferenzen

Da kein einfacher Zusammenhang zwischen der relativen Anzahl der Anflüge und einem einzelnen Farbparameter nachgewiesen werden konnte, wurden die gezeigten Präferenzen detaillierter analysiert. Hierfür wurde für jede Versuchslinie mittels GLM auf Basis einer Poisson-Verteilung überprüft, ob der Farbstimulus einen Einfluss auf die relative Anzahl der Anflüge hat. Dazu wurde ein zufallsbasiertes Modell (Null-Modell) gegen das datenbasierte Modell mittels Chi-Quadrat-Test getestet. Sollte dieser Einfluss signifikant aufgeprägt sein, wurde in einem zweiten Schritt ein gepaarter Wilcoxon-Test durchgeführt, um zu überprüfen, zwischen welchen Farbstimuli innerhalb einer Versuchslinie Unterschiede in der relativen Anzahl der Anflüge nachweisbar sind. Dieses statistische Verfahren wurde für alle getesteten Bienenarten, Hintergründe und Versuchslinien durchgeführt.

Für die Auswertung der Farbpräferenztests mit *M. quadrifasciata* auf grauem Hintergrund wurden insgesamt 1120 Datenpunkte (224 Datenpunkte pro Versuchslinie aus 16 Anflügen von 14 gültigen Arbeiterinnen) herangezogen. In Versuchslinie 1 (Aufbau I: Himmelblau; Abb. 40) konnte ein signifikanter Einfluss des Farbstimulus auf die relative Anzahl der Anflüge (GLM$_{(poisson)}$; p = 0,046; Df = -3; Deviance = -7,999) nachgewiesen werden, wobei im anschließenden Post-hoc-Test nicht nachgewiesen werden konnte, dass sich die relative Anzahl der Anflüge zwischen den Teststimuli signifikant unterscheiden. Die Arbeiterinnen zeigten jedoch eine tendenzielle Präferenz für den Farbstimulus mit niedriger Farbintensität und mittlerer Farbreinheit (I*/R**).

Auch in Versuchslinie 2 (Aufbau II: Ultramarinblau; Abb. 40) konnte ein signifikanter Einfluss des Farbstimulus auf die relative Anzahl der Anflüge nachgewiesen werden (GLM$_{(poisson)}$; p = 0,022; Df = -3; Deviance = -9,623). Der Farbstimulus mit mittlerer Farbintensität und hoher Farbreinheit (I**/R***) wurde gegenüber den Farbstimuli mit hoher Farbintensität und hoher Farbreinheit (I***/R***) bzw. mit mittlerer Farbintensität und niedriger Farbreinheit (I**/R*) präferiert (gepaarter Wilcoxon-Test ohne Fehlerkorrektur; I**/R*** gegen I***/R*** mit p = 0,024; I**/R*** gegen I**/R* mit p = 0,004). Zudem wurde der Farbstimulus mit niedriger Farbintensität und mittlerer Farbreinheit (I*/R**) gegenüber dem Farbstimulus mit mittlerer Farbintensität und niedriger Farbreinheit (I**/R*) signifikant häufiger angeflogen (gepaarter Wilcoxon-Test ohne Fehlerkorrektur; I*/R** gegen I**/R* mit p = 0,022). Nach der Fehlerkorrektur unterschied sich noch die relative Anzahl der Anflüge auf den Farbstimulus I**/R*** signifikant von der relativen Anzahl der Anflüge auf Farbstimulus I**/R* (gepaarter Wilcoxon-Test mit Bonferroni-Fehlerkorrektur; I**/R*** gegen I**/R* mit p = 0,003).

Die gelben Farbstimuli hatten ebenfalls einen signifikanten Einfluss auf die relative Anzahl der Anflüge (GLM$_{(poisson)}$; p = 0,027; Df = -3; Deviance = -9,219; Abb. 40). Der Farbstimulus mit mittlerer Farbintensität und hoher Farbreinheit (I**/R***) wurde signifikant häufiger angeflogen als die Farbstimuli mit mittlerer Farbintensität und niedriger Farbreinheit (I**/R*) und mit niedriger Farbintensität und mittlerer Farbreinheit (I*/R**) (gepaarter Wilcoxon-Test ohne Fehlerkorrektur; I**/R*** gegen I**/R* mit p = 0,009; I**/R*** gegen I*/R** mit p = 0,024). Weiterhin wurde auch der Farbstimulus mit hoher Farbintensität und hoher Farbreinheit (I***/R***) gegenüber dem Farbstimulus mit mittlerer Farbintensität und niedriger Farbreinheit (I**/R*) signifikant häufiger angeflogen (gepaarter Wilcoxon-Test ohne Fehlerkorrektur; I***/R*** gegen I**/R* mit p = 0,029). Nach der Fehlerkorrektur mittels Bonferroni-Verfahren waren die signifikanten Unterschiede nicht mehr nachweisbar.

In Versuchslinie 4 (Aufbau IV: Weiß; Abb. 40) konnten hoch signifikante Einflüsse der Farbstimuli auf die relative Anzahl der Anflüge nachgewiesen werden (GLM$_{(poisson)}$; p < 0,001; Df = -3; Deviance = -29,471). Die Arbeiterinnen flogen den UV-absorbierenden Stimulus mit hoher Farbintensität (I***/UV-) signifikant häufiger als die übrigen Farbstimuli an (gepaarter Wilcoxon-Test ohne Fehlerkorrektur; I***/UV- gegen I**/UV- mit p < 0,001; I***/UV- gegen I***/UV+ mit p < 0,001; I***/UV- gegen I**/UV+ mit p < 0,001). Diese Signifikanzen blieben auch nach der Fehlerkorrektur vorhanden (gepaarter Wilcoxon-Test mit Bonferroni-Fehlerkorrektur; I***/UV- gegen I**/UV- mit p = 0,026; I***/UV- gegen I***/UV+ mit p = 0,002; I***/UV- gegen I**/UV+ mit p < 0,001).

In Versuchslinie 5 (Aufbau V: vorherrschende Wellenlänge; Abb. 40) konnte ebenfalls ein hoch signifikanter Einfluss des Farbstimulus auf die relative Anzahl der Anflüge nachgewiesen werden (GLM$_{(poisson)}$; p < 0,001; Df = -3; Deviance = -151,43). Der gelbe Farbstimulus wurde gegenüber den übrigen Farbstimuli stark präferiert (gepaarter Wilcoxon-Test ohne Fehlerkorrektur;

Gelb gegen Himmelblau mit p < 0,001; Gelb gegen Ultramarinblau mit p <
0,001; Gelb gegen Weiß mit p < 0,001). Weiterhin wurde der ultramarinblaue
Farbstimulus gegenüber dem himmelblauen und dem weißen Farbstimulus
signifikant häufiger angeflogen (gepaarter Wilcoxon-Test ohne Fehlerkorrektur; Ultramarinblau gegen Himmelblau mit p = 0,022; Ultramarinblau gegen
Weiß mit p = 0,006). Nach der Bonferroni-Fehlerkorrektur wurde der gelbe
Farbstimulus weiterhin stark gegenüber den übrigen Farbstimuli präferiert
(gepaarter Wilcoxon-Test mit Bonferroni-Fehlerkorrektur; Gelb gegen Himmelblau mit < 0,001; Gelb gegen Ultramarinblau mit p < 0,001; Gelb gegen
Weiß mit p < 0,001). Der ultramarinblaue Farbstimulus wurde weiterhin gegenüber dem weißen Stimulus signifikant häufiger angeflogen (gepaarter
Wilcoxon-Test mit Bonferroni-Fehlerkorrektur; Ultramarinblau gegen Weiß
mit p = 0,034).

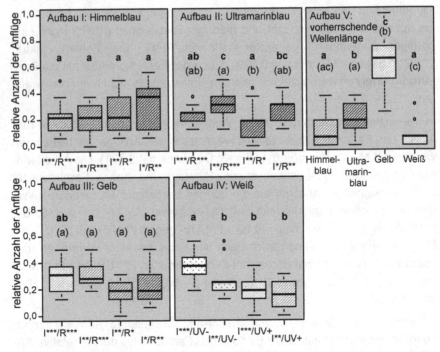

Abb. 40: Farbpräferenzen von *Melipona quadrifasciata* auf grauem Hintergrund. Für
jede getestete Versuchslinie (Aufbau I bis V) ist die relative Anzahl der Anflüge aller getesteten Arbeiterinnen (n = 16 Anflüge; 14 Arbeiterinnen) gegen den Farbstimulus aufgetragen. Konnte in der Analyse des GLM$_{(poisson)}$ ein signifikanter Einfluss der Farbstimuli auf

die relative Anzahl der Anflüge nachgewiesen werden, wurde in einem Post-hoc-Test (gepaarter Wilcoxon-Test) untersucht zwischen welchen Farbstimuli Unterschiede bezüglich der relativen Anzahl der Anflüge bestehen. Signifikante Unterschiede ohne Fehlerkorrektur im Post-hoc-Test sind mit unterschiedlichen, fettgedruckten Buchstaben in den Boxplots gekennzeichnet. Signifikante Unterschiede nach der Fehlerkorrektur mittels Bonferroni-Verfahren sind durch unterschiedliche Buchstaben in Klammern gekennzeichnet. I = Farbintensität; R = Farbreinheit; UV- = ultraviolett absorbierend; UV+ = ultraviolett reflektierend; *** = hoch; ** = mittel; * = niedrig.

4.2. Farbpräferenztests mit *Melipona mondury* (grüner Hintergrund)

4.2.1. Korrelationsanalyse: vorhergesagte vs. gezeigten Präferenzen

Die Generierung der Präferenzränge erfolgte, wie bereits beschrieben, für die Farbparameter Farbreinheit (Versuchslinien 1 bis 4), Farbintensität (ebenfalls Versuchslinie 1 bis 4) und vorherrschende Wellenlänge (Versuchslinie 5). Für die Auswertung wurden je 16 Anflüge pro Versuchslinie von 19 gültigen Arbeiterinnen der Art *Melipona mondury*, also 304 Datenprunkte pro Versuchslinie, berücksichtigt. Auch hier wurde lediglich ein grenzsignifikanter negativer Zusammenhang zwischen der relativen Anflughäufigkeit und einem Farbparameter nachgewiesen (Aufbau II: Ultramarinblau; p < 0,001; rho = - 0,949; R^2 = 0,9; S = 19,487). So zeigten die Arbeiterinnen eine tendenzielle Präferenz für ultramarinblaue Farbstimuli mit einer niedrigen Farbintensität (Abb.41).

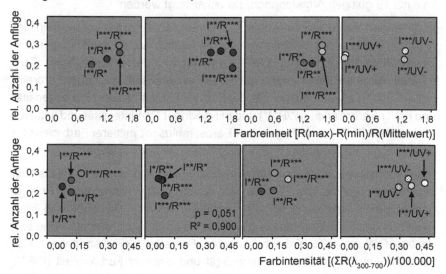

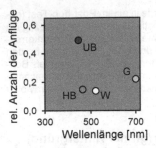

Abb. 41: Ergebnisse der Spearman-Rangfolgetests für die Farbpräferenztests mit *Melipona mondury* **auf grünem Hintergrund.** Aufgetragen ist die relative Anzahl der Anflüge für die fünf Versuchslinien gegen die berechneten Werte für die Farbparameter Farbreinheit (oben), Farbintensität (mittig) und vorherrschende Wellenlänge (unten). Die Ergebnisse der Spearman-Rangefolgetests sind in den Graphen aufgeführt (p-Wert und R^2-Wert), sofern eine signifikante bzw. grenzsignifikante Korrelation zwischen erwarteter und beobachteter Präferenzrangfolge nachgewiesen werden konnte. Die erwarteten Rangfolgen wurden entsprechend der unter Kapitel 4.1. genannten Hypothesen generiert. I = Farbintensität; R = Farbreinheit; UV- = ultraviolett absorbierend; UV+ = ultraviolett reflektierend; *** = hoch; ** = mittel; * = niedrig; HB = himmelblau; UB = ultramarinblau; G = gelb; W = weiß.

4.2.2. Detaillierte Betrachtung der gezeigten Farbpräferenzen

Für die Auswertung der Farbpräferenztests mit *M. mondury*, durchgeführt auf grünem Hintergrund, konnten 1520 Datenpunkte (16 Anflüge pro Versuchslinie mit 19 gültigen Arbeiterinnen) berücksichtigt werden.

In der ersten Versuchslinie (Aufbau I: Himmelblau; Abb. 42) konnte kein signifikanter Einfluss des Farbstimulus auf die relative Anzahl der Anflüge nachgewiesen werden (GLM(poisson); p = 0,149; Df = -3; Deviance = -5,34). Tendenziell wurde der Farbstimulus mit hoher Farbintensität und hoher Farbreinheit (I***/R***) etwas häufiger als die Farbstimuli mit mittlerer Farbintensität und hoher Farbreinheit (I**/R***) und mit niedriger Farbintensität und mittlerer Farbreinheit (I*/R**) angeflogen. Der Farbstimulus mit mittlerer Farbintensität und niedriger Farbreinheit (I**/R*) wurde weniger stark präferiert.

In Versuchslinie 2 (Aufbau II: Ultramarinblau; Abb. 42) konnte ebenfalls kein signifikanter Einfluss des Farbstimulus auf die relativen Anzahl der Anflüge nachgewiesen werden (GLM(poisson); p = 0,145; Df = -3; Deviance = -5,393). Alle Farbstimuli wurden nahezu gleich häufig angeflogen, sodass keine eindeutige Präferenz für einen bestimmten Farbstimulus erkennbar ist. Der Farbstimulus mit niedriger Farbintensität und mittlerer Farbreinheit (I*/R**) wurde etwas häufiger als der Farbstimulus mit hoher Farbintensität und hoher Farbreinheit (I***/R***) angeflogen.

Die gelben Farbstimuli (Aufbau III: Gelb; Abb. 42) hatten keinen signifikanten Einfluss auf die relative Anzahl der Anflüge (GLM(poisson); p = 0,098; Df = -3; Deviance = -6,297). Allerdings zeigten die Arbeiterinnen in dieser Versuchslinie tendenzielle Präferenzen für den Farbstimulus mit mittlerer Farbintensität und niedriger Farbreinheit (I**/R*), aber auch für den Farbstimulus mit mittlerer Farbintensität und hoher Farbreinheit (I**/R***). Die Farbstimuli mit mittlerer Farbintensität und niedriger Farbreinheit (I**/R*) und niedriger Farbintensität und mittlerer Farbreinheit (I*/R**) wurden mit gleicher Häufigkeit angeflogen.

Auch in Versuchslinie 4 (Aufbau IV: Weiß) hatten die Farbstimuli keinen nachweisbaren Einfluss auf die relative Anzahl der Anflüge der Arbeiterinnen (GLM(poisson); p = 0,778; Df = -3; Deviance = -1,095). Die beiden Farbstimuli mit hoher Intensität (I***/UV+ und I***/UV-) wurden minimal gegenüber den Farbstimuli mit mittlerer Farbintensität (I**/UV+ und I**/UV-) präferiert. Eine deutliche Tendenz war allerdings nicht erkennbar.

Die vorherrschende Wellenlänge der Farbstimuli (Versuchslinie 5; Abb. 42) beeinflusste die relative Anzahl der Anflüge nachweisbar (GLM(poisson); p < 0,001; Df = -3; Deviance = -90,097). Der ultramarinblaue Farbstimulus wurde signifikant häufiger als die übrigen Farbstimuli angeflogen (gepaarter Wilcoxon-Test ohne Fehlerkorrektur; Ultramarinblau gegen Himmelblau mit p < 0,001; Ultramarinblau gegen Gelb mit p = < 0,001; Ultramarinblau gegen Weiß mit p < 0,001). Auch nach der Fehlerkorrektur blieben diese Unterschiede hoch signifikant (gepaarter Wilcoxon-Test mit Bonferroni-Fehlerkorrektur; Ultramarinblau gegen Himmelblau mit p < 0,001; Ultramarinblau gegen Gelb mit p < 0,001; Ultramarinblau gegen Weiß mit p < 0,001). Gelbe Farbstimuli wurden von den Arbeiterinnen nach ultramarinblauen, aber vor himmelblauen und weißen Farbstimuli präferiert.

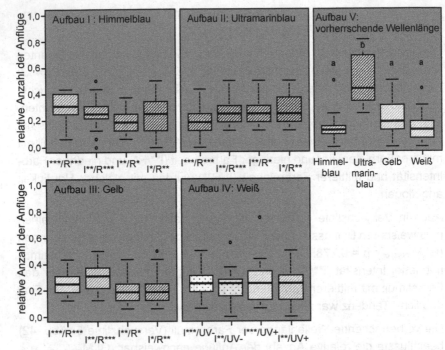

Abb. 42: Farbpräferenzen von *Melipona mondury* auf grünem Hintergrund. Für jede getestete Versuchslinie (Aufbau I bis V) ist die relative Anzahl der Anflüge aller gültigen Arbeiterinnen auf grünem Hintergrund (n = 16 Anflüge; 19 Arbeiterinnen) gegen den Farbstimulus aufgetragen. Lediglich in Versuchslinie 5 (Aufbau V: vorherrschende Wellenlänge) konnte ein signifikanter Einfluss des Farbstimulus auf die relative Anzahl der Anflüge nachgewiesen werden (GLM$_{(poisson)}$; p < 0,001; Df = -3; Deviance = -90,097). Die signifikanten Unterschiede zwischen den relativen Anflughäufigkeiten auf die Farbstimuli (Post-hoc-Test: gepaarter Wilcoxon-Test) sind durch unterschiedliche Buchstaben gekennzeichnet. Die Unterschiede sind sowohl ohne als auch mit Fehlerkorrektur (Bonferroni-Verfahren) nachweisbar. I = Farbintensität; R = Farbreinheit; UV- = ultraviolett absorbierend; UV+ = ultraviolett reflektierend; *** = hoch; ** = mittel; * = niedrig.

4.3. Farbpräferenztests mit *Melipona mondury* (grauer Hintergrund)

4.3.1. Korrelationsanalyse: vorhergesagte vs. gezeigten Präferenzen

Für die Auswertung der gesammelten Daten aus den Präferenztests von *Melipona mondury* auf grauem Hintergrund, konnten jeweils 16 Anflüge pro Versuchslinie von 23 gültigen Arbeiterinnen (368 Datenpunkte pro Versuchslinie) herangezogen werden. In keinem der durchgeführten Spearman-Rangfolgetests konnten signifikante Zusammenhänge zwischen der Anzahl der relativen Anzahl der Anflüge und einem Farbparameter nachgewiesen werden. Der Vergleich der tendenziellen Präferenzen auf grünem und grauem Hintergrund zeigte, dass diese in vielen Fällen ähnlich oder sogar identisch sind (z.B. Zusammenhang zwischen relativer Anzahl der Anflüge und vorherrschender Wellenlänge). Lediglich bei der Farbintensität in Versuchslinie 1 (Aufbau I: Himmelblau), der Farbreinheit in Versuchslinie 2 (Aufbau II: Ultramarinblau) und Farbreinheit in Versuchslinie 4 (Aufbau IV: Weiß) waren die Trends zwischen den beiden Hintergründen gegenläufig. In der himmelblauen und weißen Versuchslinie waren diese gegenläufigen Trends deutlich ausgeprägt (Abb. 43).

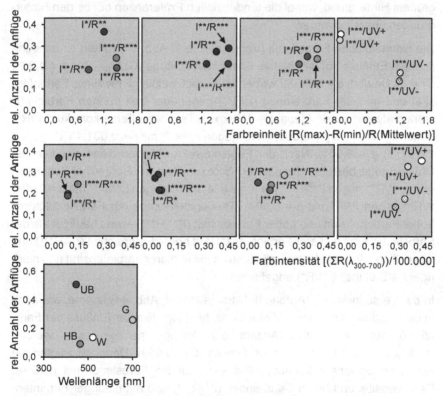

Abb. 43: Ergebnisse der Spearman-Rangfolgetests für die Farbpräferenztests mit *Melipona mondury* auf grauem Hintergrund. Die relative Anzahl der Anflüge für die fünf Versuchslinien ist gegen die berechneten Werte für die Farbparameter Farbreinheit (oben), Farbintensität (mittig) und vorherrschende Wellenlänge (unten) aufgetragen. Es konnten keine signifikanten Korrelationen zwischen erwarteter und beobachteter Präferenzrangfolge ermittelt werden. Dennoch geben die Graphen einen Überblick über die tendenziellen Zusammenhänge zwischen der Farbparametern und der relativen Anzahl der

Anflüge. I = Farbintensität; R = Farbreinheit; UV- = ultraviolett absorbierend; UV+ = ultra-violett reflektierend; *** = hoch; ** = mittel; * = niedrig; HB = himmelblau; UB = ultramarin-blau; G = gelb; W = weiß.

4.3.2. Detaillierte Betrachtung der Farbpräferenzen

Auf grauem Hintergrund konnten die Anflüge von 23 der 25 getesteten Arbeiterinnen von *M. mondury* (1840 Datenpunkte aus 16 Anflügen pro Versuchslinie) zur Auswertung herangezogen werden. Insgesamt waren die Präferenzen in dieser Testlinie stärker ausgeprägt als die in der Testlinie auf grünem Hintergrund, wobei die tendenziellen Präferenzen auf beiden Hintergründen übereinstimmen.

Die himmelblauen Farbstimuli (Versuchslinie 1; Abb. 44) hatten einen signifikanten Einfluss auf die relative Anzahl der Anflüge (GLM$_{(poisson)}$; $p < 0,001$; Df = -3; Deviance = -27,55), wobei der Farbstimulus mit niedriger Farbintensität und mittlerer Farbreinheit (I*/R**) gegenüber den übrigen Farbstimuli stark präferiert wurde (gepaarter Wilcoxon-Test ohne Fehlerkorrektur; I*/R** gegen I***/R*** mit $p = 0,006$; I*/R** gegen I**/R*** mit $p < 0,001$; I*/R** gegen I**/R* mit $p < 0,001$). Nach der Fehlerkorrektur blieben diese signifikanten Unterschiede bestehen (gepaarter Wilcoxon-Test mit Bonferroni-Fehlerkorrektur; I*/R** gegen I***/R*** mit $p = 0,034$; I*/R** gegen I**/R*** mit $p = 0,004$; I*/R** gegen I**/R* mit $p = 0,004$). Tendenziell wurde der Farbstimulus mit hoher Farbintensität und hoher Farbreinheit (I***/R***) etwas häufiger als der Farbstimulus mit mittlerer Farbintensität und hoher Farbreinheit (I**/R***) und wesentlich häufiger als der Farbstimulus mit mittlerer Farbintensität und niedriger Farbreinheit (I**/R*) angeflogen.

In der Versuchslinie 2 (Aufbau II: Ultramarinblau; Abb. 44) konnte, wie auch in der Testlinie auf grünem Hintergrund, kein signifikanter Einfluss der Farbstimuli auf die relative Anzahl der Anflüge nachgewiesen werden (GLM$_{(poisson)}$; $p = 0,092$; Df = -3; Deviance = -6,452). Dennoch zeigten die Arbeiterinnen eine erkennbare Präferenz für die Farbstimuli mit mittlerer Farbintensität und hoher Farbreinheit (I**/R***) und mit niedriger Farbintensität und mittlerer Farbreinheit (I*/R**). Der hypothetisch attraktivste Farbstimulus mit hoher Farbintensität und hoher Farbreinheit (I***/R***) wurde am seltensten angeflogen.

Auch in der dritten Versuchslinie konnte kein Einfluss des Farbstimulus auf die relative Anzahl der Anflüge nachgewiesen werden (GLM$_{(poisson)}$; $p = $

0,287; Df = -3; Deviance = -3,778; Abb. 44). In dieser Versuchslinie zeigten die Arbeiterinnen kein deutlich erkennbares Präferenzmuster, tendenziell wurden die Farbstimuli mit hoher und mittlerer Farbreinheit (I***/R*** und I*/R**, aber auch I**/R***) häufiger angeflogen als der Farbstimulus mit niedriger Farbreinheit (I**/R*).

Die weißen Farbstimuli (Versuchslinie 4; Abb. 44) übten einen nachweisbaren Einfluss auf die relative Anzahl der Anflüge aus (GLM$_{(poisson)}$; p < 0,001; Df = -3; Deviance = -53,563). Arbeiterinnen präferierten die UV-reflektierenden Farbstimuli vor den UV-absorbierenden Farbstimuli (gepaarter Wilcoxon-Test; I***/UV+ gegen I***/UV- mit p < 0,001; I***/UV+ gegen I**/UV- mit p < 0,001; I**/UV+ gegen I***/UV- mit p = 0,001; I**/UV+ gegen I**/UV- mit p < 0,001). Die Farbintensität der Stimuli schien eine eher untergeordnete Rolle zu spielen; tendenziell wurden die Farbstimuli mit einer hohen Farbintensität (I***) etwas häufiger angeflogen als die Farbstimuli mit mittlerer Farbintensität (I**). Die signifikanten Unterschiede blieben auch nach der Fehlerkorrektur bestehen (gepaarter Wilcoxon-Test mit Bonferroni-Fehlerkorrektur; I***/UV+ gegen I***/UV- mit p = 0,005; I***/UV+ gegen I**/UV- mit p < 0,001; I**/UV+ gegen I***/UV- mit p = 0,007; I**/UV+ gegen I**/UV- mit p < 0,001).

Wie auch in den bisher vorgestellten Testlinien spielte auch bei dieser Testlinie die vorherrschende Wellenlänge der Farbstimuli eine wesentliche Rolle in den Farbpräferenztests: die vorherrschende Wellenlänge der Farbstimuli übte einen starken signifikant nachweisbaren Einfluss auf die relative Anzahl der Anflüge aus (GLM$_{(poisson)}$; p < 0,001; Df = -3; Deviance = -145,59; Abb. 44). Der ultramarinblaue Farbstimulus wurde gegenüber den übrigen Farbstimuli stark präferiert (gepaarter Wilcoxon-Test ohne Fehlerkorrektur; Ultramarinblau gegen Himmelblau mit p < 0,001; Ultramarinblau gegen Gelb mit p < 0,001; Ultramarinblau gegen Weiß mit p < 0,001). Weiterhin wurde der gelbe Farbstimulus gegenüber dem himmelblauen und dem weißen Farbstimulus signifikant häufiger angeflogen (gepaarter Wilcoxon-Test ohne Fehlerkorrektur; Gelb gegen Himmelblau mit p < 0,001; Gelb gegen Weiß mit p = 0,003). Diese Unterschiede blieben auch nach der Fehlerkorrektur signifikant (gepaarter Wilcoxon-Test mit Bonferroni-Fehlerkorrektur; Ultramarinblau gegen Himmelblau mit p < 0,001; Ultramarinblau gegen Gelb mit p < 0,001; Ultramarinblau gegen Weiß mit p < 0,001; Gelb gegen Himmelblau mit p < 0,001; Gelb gegen Weiß mit p = 0,02).

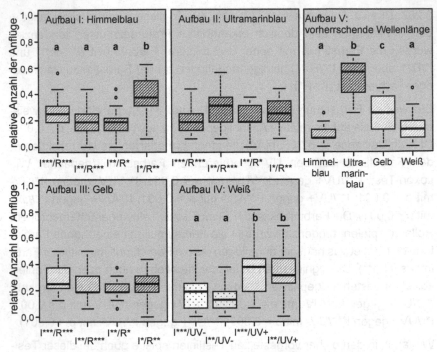

Abb. 44: Farbpräferenzen von *Melipona mondury* auf grauem Hintergrund. Für jede getestete Versuchslinie (Aufbau I bis V) ist die relative Anzahl der Anflüge aller gültigen Arbeiterinnen auf grauem Hintergrund (n = 16 Anflüge; 23 Arbeiterinnen) gegen den Farbstimulus aufgetragen. Mittels GLM(poisson) wurde überprüft, ob der Farbstimulus einen Einfluss auf die relative Anzahl der Anflüge ausübt. Konnte ein signifikanter Einfluss nachgewiesen werden, wurde in einem Post-hoc-Test (gepaarter Wilcoxon-Test) untersucht, zwischen welchen Farbstimuli Unterschiede bezüglich der relativen Anzahl der Anflüge bestehen. Die signifikanten Unterschiede sind durch unterschiedliche Buchstaben gekennzeichnet. Die Unterschiede sind sowohl ohne als auch mit Fehlerkorrektur (Bonferroni-Verfahren) nachweisbar. I = Farbintensität; R = Farbreinheit; UV- = ultraviolett absorbierend; UV+ = ultraviolett reflektierend; *** = hoch; ** = mittel; * = niedrig.

4.4. Farbpräferenztests mit *Bombus terrestris* (grauer Hintergrund)

4.4.1. Korrelationsanalyse: vorhergesagte vs. gezeigten Präferenzen

Für die Spearman-Rangfolgetests konnten jeweils 12 Anflüge pro Versuchslinie und Arbeiterin ausgewertet werden. Insgesamt konnten 10 gültige Arbeiterinnen von *Bombus terrestris* auf grauem Hintergrund getestet werden, sodass 120 Datenpunkte pro Versuchslinie gesammelt und analysiert werden konnten. Es konnte für keinen der untersuchten Farbparameter ein signifikanter Zusammenhang zwischen der relativen Anzahl der Anflüge und der Ausprägung eines Farbparameters nachgewiesen werden (Abb. 45).

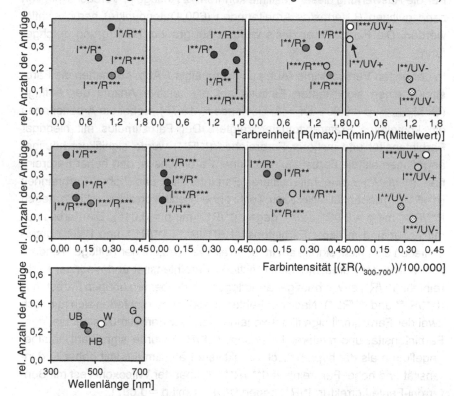

Abb. 45: Ergebnisse der Spearman-Rangfolgetests für die Farbpräferenztests mit *Bombus terrestris* **auf grauem Hintergrund.** Die berechneten Parameterwerte für Farbreinheit (oberer Abschnitt), Farbintensität (mittlerer Abschnitt) und vorherrschende Wellenlänge (unterer Abschnitt) sind gegen die relative Anzahl der Anflüge für die fünf Versuchslinien aufgetragen. Es konnten keine signifikanten Korrelationen zwischen erwarteter und beobachteter Präferenzrangfolge durch die Spearman-Rangfolgetests nachgewiesen werden. Dennoch geben die Graphen einen Überblick über die tendenziellen Zusammenhänge zwischen den Farbparametern und der relativen Anzahl der Anflüge. I = Farbintensität; R = Farbreinheit; UV- = ultraviolett absorbierend; UV+ = ultraviolett reflektierend; *** = hoch; ** = mittel; * = niedrig; HB = himmelblau; UB = ultramarinblau; G = gelb; W = weiß.

4.4.2. Detaillierte Betrachtung der gezeigten Farbpräferenzen

Für die Auswertung dieser Testlinie konnten 12 Anflüge je Versuchslinie von zehn gültigen *B. terrestris* Arbeiterinnen (600 Datenpunkte) berücksichtigt werden. Die Farbpräferenztests wurden auf grauem Hintergrund durchgeführt.

In der ersten Versuchslinie (Aufbau I: Himmelblau; Abb. 46) hatten die Farbstimuli einen signifikanten Einfluss auf die relative Anzahl der Anflüge ($GLM_{(poisson)}$; $p < 0,001$; Df = -3; Deviance = -13,76), wobei die Arbeiterinnen ein komplexes Präferenzmuster zeigten. Der Farbstimulus mit niedriger Farbintensität und mittlerer Farbreinheit (I*/R**) wurde signifikant häufiger angeflogen als die Farbstimuli mit hoher Farbintensität und hoher Farbreinheit (I***/R***) sowie mit mittlerer Farbintensität und hoher Farbreinheit (I**/R***) (gepaarter Wilcoxon-Test ohne Fehlerkorrektur; I*/R** gegen I***/R*** mit $p = 0,001$; I*/R** gegen I**/R*** mit $p = 0,015$). Die Farbstimuli mit hoher und mittlerer Farbintensität (I***/R***, I***/R*** und I**/R*) unterschieden sich nicht signifikant in ihrer relativen Anzahl der Anflüge. Tendenziell wurde der Farbstimulus mit mittlerer Farbintensität und niedriger Farbreinheit (I**/R*) etwas häufiger angeflogen als die beiden übrigen Farbstimuli (I***/R*** und I**/R***). Nach der Fehlerkorrektur unterschieden sich nur noch zwei der Farbstimuli signifikant voneinander. Der Farbstimulus mit niedriger Farbintensität und mittlerer Farbreinheit (I*/R**) wurde signifikant häufiger angeflogen als der hypothetisch attraktivste Farbstimulus mit hoher Farbintensität und hoher Farbreinheit (I***/R***) (gepaarter Wilcoxon-Test mit Bonferroni-Fehlerkorrektur; I*/R** gegen I***/R*** mit $p = 0,007$).

In der ultramarinblauen Versuchslinie (Aufbau II; Abb. 46) konnte kein Einfluss des Farbstimulus auf die relative Anzahl der Anflüge nachgewiesen werden ($GLM_{(poisson)}$; $p = 0,258$; Df = -3; Deviance = -4,037). Die Arbeiterinnen zeigten eine nur schwach ausgeprägte Präferenz für den Farbstimulus mit mittlerer Farbintensität und hoher Farbreinheit (I**/R***), der zusammen mit den Farbstimuli I***/R*** und I**/R* etwas häufiger angeflogen wurde als der Farbstimulus mit niedriger Farbintensität und mittlerer Farbreinheit (I*/R**).

Auch die gelben Farbstimuli aus Versuchslinie 3 übten keinen signifikant nachweisbaren Einfluss auf die relative Anzahl der Anflüge aus ($GLM_{(poisson)}$; $p = 0,101$; Df = -3; Deviance = -6,225; Abb. 46). Dennoch konnten Tendenzen in den Farbpräferenzen der Arbeiterinnen erkannt werden. Die Farbstimuli mit mittlerer Farbintensität und niedriger Farbreinheit (I**/R*) sowie mit niedriger Farbintensität und mittlerer Farbreinheit (I*/R**) wurden ähnlich häufig, aber wesentlich häufiger als die beiden Farbstimuli mit hoher Farbreinheit (I***/R*** und I**/R***) angeflogen. Der Farbstimulus mit mittlerer Farbintensität und hoher Farbreinheit (I**/R***) wurde von den *B. terrestris* Arbeiterinnen am seltensten angeflogen.

In Versuchslinie 4 (Aufbau IV: Weiß; Abb. 46) konnte ein signifikanter Einfluss der Farbstimuli auf die relative Anzahl der Anflüge nachgewiesen werden (GLM$_{(poisson)}$; p < 0,001; Df = -3; Deviance = -31,387). Die Arbeiterinnen präferierten UV-reflektierende Farbstimuli (I***/UV+ und I**/UV+) gegenüber UV-absorbierenden Farbstimuli (I***/UV- und I**/UV-) (gepaarter Wilcoxon-Test ohne Fehlerkorrektur; I***/UV+ gegen I***/UV- mit p < 0,001; I***/UV+ gegen I**/UV- mit p = 0,006; I**/UV+ gegen I***/UV- mit p = 0,004; I**/UV+ gegen I**/UV- mit p = 0,029). Weitere Präferenzmuster, wie z.B. ein sekundärer Einfluss der Farbintensität, konnte nicht erkannt werden. Bei den UV-absorbierenden Farbstimuli wurde der Stimulus mit mittlerer Farbintensität (I**/UV-) etwas häufiger angeflogen, bei den UV-reflektierenden Farbstimuli wurde der Stimulus mit hoher Farbintensität (I***/UV-) leicht präferiert. Nach der Fehlerkorrektur mittels Bonferroni-Verfahren hatten sich die signifikanten Unterschiede etwas verschoben. Der UV-reflektierende Farbstimulus mit hoher Farbintensität (I***/UV+) wurde signifikant häufiger angeflogen als die beiden UV-absorbierenden Farbstimuli (I***/UV- und I**/UV-) (gepaarter Wilcoxon-Test mit Bonferroni-Fehlerkorrektur; I***/UV+ gegen I***/UV- mit p = 0,004; I***/UV+ gegen I**/UV- mit p = 0,034). Der andere UV-reflektierende Farbstimulus (I**/UV+) wurde nach der Fehlerkorrektur immer noch signifikant häufiger als der UV-absorbierende Farbstimulus mit hoher Farbintensität (I***/UV-), nicht aber mehr signifikant häufiger als der Farbstimulus mit mittlerer Farbintensität (I**/UV-) angeflogen (gepaarter Wilcoxon-Test mit Bonferroni-Fehlerkorrektur; I**/UV+ gegen I***/UV- mit p = 0,025; I**/UV+ gegen I**/UV- mit p = 0,174). Die Farbstimuli aus Versuchslinie 5 (Aufbau V: vorherrschende Wellenlänge; Abb. 46) hatten im Vergleich zu den Testlinien mit *Melipona quadrifasciata* und *Melipona mondury* keinen signifikanten Einfluss auf die relative Anzahl der Anflüge. Die Arbeiterinnen zeigten keine nachweisbare Präferenz für eine bestimmte vorherrschende Wellenlänge. Tendenziell wurden der gelbe und der ultramarinblaue Farbstimulus etwas häufiger als der weiße Farbstimulus angeflogen. Der himmelblaue Farbstimulus wurde etwas seltener angeflogen als der weiße Farbstimulus.

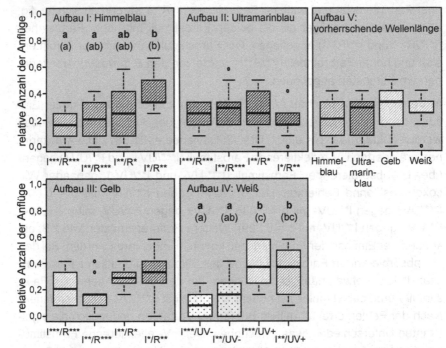

Abb. 46: Farbpräferenzen von *Bombus terrestris* auf grauem Hintergrund. Für jede getestete Versuchslinie (Aufbau I bis V) ist die relative Anzahl der Anflüge aller getesteten Arbeiterinnen (n = 12 Anflüge; 10 Arbeiterinnen) gegen den Farbstimulus aufgetragen. Konnte in der Analyse des GLM$_{(poisson)}$ ein signifikanter Einfluss der Farbstimuli auf die relative Anzahl der Anflüge nachgewiesen werden, wurde in einem Post-hoc-Test (gepaarter Wilcoxon-Test) untersucht, zwischen welchen Farbstimuli Unterschiede bezüglich der relativen Anzahl der Anflüge bestehen. Signifikante Unterschiede ohne Fehlerkorrektur im Post-hoc-Test sind mit unterschiedlichen, fettgedruckten Buchstaben gekennzeichnet. Signifikante Unterschiede mit Bonferroni-Fehlerkorrektur sind durch unterschiedliche Buchstaben in Klammern gekennzeichnet. I = Farb**i**ntensität; R = Farb**r**einheit; UV- = ultraviolett absorbierend; UV+ = ultraviolett reflektierend; *** = hoch; ** = mittel; * = niedrig.

4.5. Darstellung im Farbhexagon und Berechnung von Kontrasten

Um zu überprüfen, ob die gezeigten Farbpräferenzen mit Hilfe eines Farbsehmodells erklärt werden können, wurden die Farbstimuli im Farbhexagon nach Chittka (1992) dargestellt und die Parameter spektrale Reinheit und

Farbkontrast bestimmt. Zusätzlich wurden die rezeptorspezifischen Kontraste für S-, M- und L-Rezeptor mittels Quantumcatch berechnet (Tab. 8; 9; 10). Für alle ermittelten Kontraste (UV-Kontrast, Blau-Kontrast, Grün-Kontrast, Farbkontrast und spektrale Reinheit) wurde ein Spearman-Rangfolgetest durchgeführt, um zu überprüfen, ob zwischen dem jeweiligen Kontrast und der relativen Anzahl der Anflüge ein Zusammenhang besteht. Keiner der durchgeführten Tests zeigte einen nachweisbaren Zusammenhang zwischen Kontrast und relativer Anzahl der Anflüge. Die detaillierten Ergebnisse der statistischen Auswertung mit Angabe der p-Werte sowie die Darstellung der Farbstimuli im Farbhexagon sind dem elektronischen Anhang beigefügt.

Tab. 8: Auflistung der ermittelten Kontraste für *Melipona quadrifasciata* auf grauem Hintergrund. Zur Berechnung der Kontraste wurden die Sensitivitätskurven der Photorezeptoren von *Melipona quadrifasciata* (Peitsch et al 1992), das Reflexionsspektrum der grauen PVC-Folie (Oracal 074; ORACAL ® 631 Exhibition Cal; Orafol, Oranienburg, Deutschland) als Hintergrund und die spektrale Zusammensetzung von standardisiertem Tageslicht D65 als Beleuchtung berücksichtigt.

Stimuli	Rezeptorspezifischer Kontrast			Farbkontrast	Spektrale Reinheit
	S	M	L		
HB I***/R***	3,61	2,41	1,89	0,11	0,22
HB I**/R***	2,49	1,71	1,36	0,12	0,23
HB I**/R*	2,74	1,45	1,24	0,16	0,27
HB I*/R**	1,51	0,95	0,82	0,14	0,23
UB I***/R***	4,18	1,56	0,76	0,32	0,65
UB I**/R***	3,35	1,28	0,64	0,33	0,64
UB I**/R*	3,28	1,19	0,70	0,31	0,57
UB I*/R**	2,69	0,96	0,51	0,34	0,54
G I***/R***	2,61	0,60	1,92	0,32	0,55
G I**/R***	1,85	0,42	1,38	0,33	0,56
G I**/R*	2,52	0,66	1,31	0,28	0,47
G I*/R**	1,29	0,34	0,81	0,27	0,47
I***/UV-	3,01	3,45	3,51	0,03	0,04
I**/UV-	2,76	2,98	2,97	0,01	0,03
I***/UV+	11,56	3,86	3,64	0,13	0,20
I**/UV+	9,68	3,16	3,00	0,15	0,22

Tab. 9: Auflistung der ermittelten Kontraste für *Melipona mondury* auf grünem Hintergrund. Zur Berechnung der Kontraste wurden die Sensitivitätskurven der Photorezeptoren von *M. quadrifasciata* (Peitsch et al 1992), das Reflexionsspektrum der grünen PVC-Folie (Oracal 061; ORACAL ® 631 Exhibition Cal; Orafol, Oranienburg, Deutschland) als Hintergrund und die spektrale Zusammensetzung von standardisiertem Tageslicht D65 als Beleuchtung berücksichtigt. Die Versuche auf grünem Hintergrund wurden ausschließlich mit Arbeiterinnen von *M. mondury* durchgeführt. Da aber für diese Art keine Sensitivitätskurven der Photorezeptoren bekannt sind, wurden für die Berechnung die Sensitivitätskurven der Photorezeptoren von *M. quadrifasciata* berücksichtigt.

Stimuli	Rezeptorspezifischer Kontrast			Farbkontrast	Spektrale Reinheit
	S	M	L		
HB I***/R***	14,30	8,18	3,26	0,15	0,30
HB I**/R***	9,88	5,81	2,35	0,19	0,37
HB I**/R*	10,88	4,92	2,15	0,20	0,38
HB I*/R**	6,00	3,21	1,42	0,24	0,46
UB I***/R***	16,56	5,29	1,32	0,34	0,66
UB I**/R***	13,28	4,32	1,11	0,36	0,70
UB I**/R*	12,99	4,04	1,21	0,34	0,65
UB I*/R**	10,65	3,24	0,88	0,39	0,76
G I***/R***	10,34	2,02	3,31	0,21	0,35
G I**/R***	7,34	1,42	2,38	0,26	0,42
G I**/R*	10,00	2,24	2,26	0,22	0,31
G I*/R**	5,12	1,14	1,39	0,28	0,43
I***/UV-	11,92	11,71	6,06	0,06	0,13
I**/UV-	10,96	10,09	5,13	0,08	0,16
I***/UV+	45,83	13,09	6,28	0,10	0,18
I**/UV+	38,39	10,70	5,19	0,12	0,22

Tab. 10: Auflistung der ermittelten Kontraste für *Bombus terrestris* auf grauem Hintergrund. Zur Berechnung der Kontraste wurden die Sensitivitätskurven der Photorezeptoren von *Bombus terrestris* (Peitsch et al 1992), das Reflexionsspektrum der grauen PVC-Folie (Oracal 074; ORACAL ® 631 Exhibition Cal; Orafol, Oranienburg, Deutschland) als Hintergrund und die spektrale Zusammensetzung von Leuchtstofflampen (LUMILUX T8 L 58 W/865; Osram GmbH; München, Deutschland) als Beleuchtung berücksichtigt. (Fortsetzung Seite 111).

Stimuli	Rezeptorspezifischer Kontrast			Farbkontrast	Spektrale Reinheit
	S	M	L		
HB I***/R***	10,79	3,13	2,16	0,11	0,21
HB I**/R***	6,20	2,07	1,41	0,11	0,22
HB I**/R*	6,58	1,74	1,31	0,14	0,24
HB I*/R**	3,61	1,13	0,82	0,12	0,22

Stimuli	Rezeptorspezifischer Kontrast			Farbkontrast	Spektrale Reinheit
	S	M	L		
UB I***/R***	8,41	1,76	0,81	0,28	0,62
UB I**/R***	6,14	1,27	0,62	0,28	0,60
UB I**/R*	7,48	1,49	0,78	0,27	0,56
UB I*/R**	5,63	1,12	0,56	0,29	0,60
G I***/R***	6,94	0,69	1,79	0,34	0,65
G I**/R***	4,52	0,46	1,32	0,34	0,67
G I**/R*	6,67	0,78	1,22	0,29	0,53
G I*/R**	3,35	0,38	0,76	0,29	0,60
I***/UV-	6,63	4,11	3,50	0,05	0,13
I**/UV-	5,75	3,35	2,78	0,04	0,08
I***/UV+	26,00	4,26	3,42	0,13	0,21
I**/UV I	23,22	3,79	3,09	0,14	0,21

4.6. Vergleich der Farbpräferenzen in Abhängigkeit des Datenpools

Zur Vorbereitung auf die Diskussion der angewandten Methodik und der Aussagekraft der aufgezeigten Farbpräferenzen, zeigt die folgende Abbildung einen Vergleich der gezeigten Präferenzen von *Melipona mondury* auf grauem Hintergrund in Abhängigkeit des verwendeten Datenpools. Bei den verwendeten Datenpools handelt es sich um a) „alle Wahlen", b) „bevorzugte Wahl" und c) „erste Wahl", die im Folgenden definiert werden. Für alle in dieser Arbeit durchgeführten Auswertungen wurden alle 16 Anflüge pro Versuchslinie pro getesteter Biene einbezogen (Abb. 47; „alle Wahlen"). Alternativ sind die Farbpräferenzen dargestellt, wenn jeweils nur der erste Anflug einer Biene in einer Versuchslinie berücksichtigt wurde (Abb. 47; „erste Wahl"), sowie eine Auswertung unter Verwendung einer binären Transformation (Abb. 47; „bevorzugte Wahl"). Durch die Anwendung der binären Transformation wurde dem Farbstimulus, der in einer Versuchslinie die meisten Anflüge aufwies, eine Eins zugeordnet, den übrigen Farbstimuli eine Null zugeteilt. Flog also eine Arbeiterin von *M. mondury* in der Versuchslinie 1 (Aufbau I: Himmelblau) den Farbstimulus I***/R*** dreimal, den Farbstimulus I**/R*** fünfmal, den Farbstimulus I**/R* einmal und den Farbstimulus I*/R** siebenmal an (= 16 Anflüge), wurde dem Stimulus I*/R** eine Eins, den übrigen Stimuli eine Null zugeordnet. Vergleicht man die gezeigten Präferenzen unter Berücksichtigung aller Wahlen und der bevorzugten Wahlen, so wird deutlich, dass die Trends in den Präferenzen in beiden Auswertungsvarianten identisch sind. Dennoch können die gezeigten Farbpräferenzen von *M. mondury* durch die Auswertung der Daten unter Berücksichtigung der bevorzugten Wahlen deutlicher dargestellt werden. Die Auswertung der Daten unter Berücksichtigung der ersten Wahl zeigt in allen Versuchslinien, insbesondere in Versuchslinie 4 (Aufbau IV: Weiß) starke Abweichungen von der Auswertung anhand der anderen Datenpools. Diese Unterschiede und die Aussagekraft der verschiedenen Datenpools werden in der Diskussion weiter behandelt.

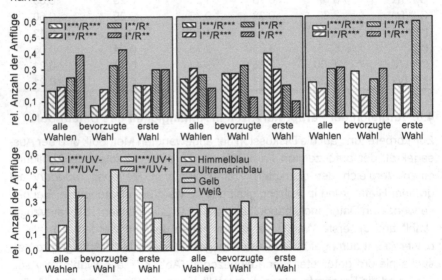

Abb. 47: Vergleich der Farbpräferenzen in Abhängigkeit von dem gewählten Datenpool am Beispiel des Datensatzes von *Melipona mondury* auf grauem Hintergrund. Dargestellt sind jeweils die gezeigten Farbpräferenzen, wobei die verschiedenen Datenpools auf der x-Achse und die relative Anzahl der Anflüge auf der y-Achse dargestellt sind. Der Datenpool „alle Wahlen" umfasst pro Versuchslinie 368 Datenpunkte. Es wurden alle 16 Anflüge der Anflugsequenz einer Arbeiterin (23 Arbeiterinnen insgesamt) gewertet. Der Datenpool „bevorzugte Wahl) umfasst 23 Datenpunkte. Hierfür wurde dem Farbstimulus, der von einer Arbeiterin am häufigsten angeflogen wurde, eine Eins zugeteilt; die übrigen Farbstimuli der Versuchslinie wurden mit Null beziffert. Die Summe dieser präferierten Farbstimuli (ein präferierter Stimulus pro gültige Arbeiterin) ergibt den Datenpool. Der Datenpool „erste Wahl" umfasst ebenfalls 23 Datenpunkte und setzt sich aus der Summe des ersten Anflugs aller Arbeiterinnen zusammen. Die Trends in den Farbpräferenzen sind unter Verwendung der Datenpools „alle Wahlen" und „bevorzugte Wahl" identisch. Nur bei der Verwendung des Datenpools „erste Wahl" ergeben sich abweichende Farbpräferenzen für die getesteten *Melipona mondury* Arbeiterinnen.

4.7. Farbpräferenztests aller getesteten Bienenarten im Überblick

Getestet wurden Arbeiterinnen der Arten *Melipona quadrifasciata, Melipona mondury* und *Bombus terrestris*. Die Arbeiterinnen der beiden *Melipona*-Arten waren erfahrene Sammlerinnen, die frei fouragierten. Die Arbeiterinnen von *B. terrestris* waren blütennaiv und weitestgehend farbnaiv[32].

In den durchgeführten Spearman-Rangfolgetests konnte keine Korrelation zwischen den untersuchten Farbparametern Farbreinheit, Farbintensität und vorherrschender Wellenlänge und der relativen Anzahl der Anflüge nachgewiesen werden. In der Mehrzahl der durchgeführten Farbpräferenztests konnte mittels GLM$_{(poisson)}$ ein signifikanter Einfluss der Farbstimuli auf die relative Anzahl der Anflüge nachgewiesen werden. Die gezeigten Präferenzmuster variieren teilweise stark zwischen den getesteten Arten. *M. quadrifasciata* und *M. mondury* zeigten in den Versuchslinien mit blauen Farbstimuli (insbesondere in Aufbau II: Ultramarinblau) eine Präferenz für die Farbstimuli mit mittlerer Farbintensität und hoher Farbreinheit (I**/R***) sowie mit niedriger Farbintensität und mittlerer Farbreinheit (I*/R**). Bei gelben Farbstimuli wurden die Farbstimuli mit hoher Farbreinheit (I***/R*** und I**/R***) leicht präferiert. In den Versuchslinien 4 und 5 verhielten sich die beiden getesteten *Melipona*-Arten unterschiedlich.

M. quadrifasciata Arbeiterinnen präferierten UV-absorbierendes Weiß mit hoher Farbintensität (I***/UV-) sowie gelbe Farbstimuli in Versuchslinie 5 (Aufbau V: vorherrschende Wellenlänge). *M. mondury* Arbeiterinnen präferierten je nach Hintergrund (grau oder grün) verstärkt UV-reflektierende weiße Farbstimuli, weitestgehend unabhängig von der Farbintensität (I***/UV+ und I**/UV+ auf grauem Hintergrund). Bei der Verwendung des grünen Hintergrundes waren die gezeigten Präferenzen schwächer ausgebildet. Weiterhin wurden unabhängig vom Hintergrund ultramarinblaue Farbstimuli gegenüber anderen Farben stark präferiert. *B. terrestris* Arbeiterinnen zeigten insgesamt weniger stark ausgeprägte Präferenzen. Vergleichend zu den Farbpräferenzen der Stachellosen Bienenarten zeigte *B. terrestris* in den Versuchslinien 1-3 auch eine Präferenz für die Farbstimuli mit mittlerer Farbintensität und niedriger Farbreinheit (I**/R*), welche bei den Stachellosen

---

32 Die Hummeln fouragieren in ihrem Flugkäfig an durchsichtigen Einwegspritzen mit weißem Plastikkolben. Dies stellt die einzige Farberfahrung dar.

Bienen nur sehr selten angeflogen wurden. Unerwartet war auch das Verhalten in der dritten Versuchslinie (Aufbau III: Gelb), da die Arbeiterinnen hier die Farbstimuli mit mittlerer oder niedriger Farbreinheit (I*/R** und I**/R*) wesentlich häufiger anflogen als die Farbstimuli mit hoher Farbreinheit (I***/R*** und I**/R***). Die Arbeiterinnen von *B. terrestris* zeigten keine nachweisbare Präferenz für einen Farbstimulus mit einer bestimmten vorherrschenden Wellenlänge.

Bei der Überprüfung des Einflusses verschiedener Kontraste mittels Spearman-Rangfolgetest konnte ebenfalls kein einfacher linearer Zusammenhang zwischen einem Kontrast und der relativen Anzahl der Anflüge festgestellt werden.

Insgesamt sind die gezeigten Präferenzmuster sehr komplex und wurden vermutlich durch mehrere Farbparameter bzw. durch eine Kombination verschiedener Farbparameter beeinflusst.

5. Diskussion

5.1. Farbpräferenzen von *Melipona quadrifasciata* (grauer Hintergrund)

Die Ergebnisse der Spearman-Rangfolgetests zeigen, dass kein einfacher linearer Zusammenhang zwischen einem einzelnen Farbparameter (Farbreinheit, Farbintensität oder vorherrschende Wellenlänge) und den gezeigten Präferenzen besteht. Lediglich in der gelben Versuchslinie (Aufbau III) kann ein grenzsignifikanter Zusammenhang zwischen Farbreinheit und der relativen Anzahl der Anflüge aufgezeigt werden, wobei gelbe Farbstimuli mit einer hohen Farbreinheit (I***/R*** und I**/R***) geringfügig häufiger als Farbstimuli mit einer mittleren (I*/R**) oder einer niedrigen Farbreinheit (I*/R*) angeflogen werden.

Die detaillierte Analyse der gezeigten Präferenzen mittels GLM und Post-hoc Test (gepaarter Wilcoxon-Test) zeigt, dass die Arbeiterinnen von *Melipona quadrifasciata* in allen durchgeführten Versuchslinien eine Farbpräferenz aufweisen. In den ersten beiden Versuchslinien (Aufbau I: Himmelblau und Aufbau II: Ultramarinblau) werden insbesondere die Farbstimuli mit mittlerer Farbintensität und hoher Farbreinheit (I**/R***) und/oder mit niedriger Farbintensität und mittlerer Farbreinheit (I*/R**) präferiert. Die gezeigten Präferenzen indizieren, dass ein komplexer Zusammenhang zwischen den Parametern Farbintensität und Farbreinheit existiert und dass ein einzelner Farbparameter nicht ausreicht, um eine Verhaltensreaktion (Landung) auszulösen.

In der gelben Versuchslinie scheint dieser Zusammenhang der Parameter ebenfalls einen Einfluss auf das Verhalten der Bienen auszuüben, allerdings in etwas abgewandelter Form. Wie die Korrelationsanalyse zeigt, gibt es den bereits erwähnten grenzsignifikanten Zusammenhang zwischen Farbreinheit und relativer Anzahl der Anflüge. Dennoch ist das Verhalten der Bienen nicht konstant: Sie präferieren zwar die Farbstimuli mit hoher Farbreinheit (I***/R*** und I**/R***) über den beiden anderen Stimuli mit mittlerer (I*/R**) und niedriger Farbreinheit (I**/R*), zeigen aber zwischen den beiden letztgenannten Stimuli keine Unterscheidung. Sollte alleine die Farbreinheit die Entscheidung über einen Blütenbesuch determinieren und diese Beeinflussung linear verlaufen, sollten die Bienen den Stimulus mit mittlerer Farbreinheit (I*/R**) gegenüber dem Stimulus mit niedriger Farbreinheit (I**/R*) bevorzugen. Dies ist nicht der Fall, da beide Stimuli ähnlich häufig angeflogen werden. Ein detailliertes Erklärungsmodell für den Zusammenhang der Parameter Farbintensität und Farbreinheit wird in Kapitel 5.5. vorgestellt.

In der weißen Versuchslinie (Aufbau IV) wird der UV-absorbierende Stimulus mit hoher Farbintensität (I***/UV-) stark gegenüber den übrigen Stimuli (I**/UV, I***/UV+ und I**/UV+) präferiert. Die Präferenz für diesen Stimulus zu erklären, umfasst zwei Aspekte: Für die Bienen erscheint der Stimulus blau-grün und weist von den in dieser Versuchslinie befindlichen Stimuli die höchste Farbreinheit auf (R = 1,27). Eine Steigerung der Farbreinheit durch Absorption im ultravioletten Wellenlängenbereich ist in vielen mellitophilen Blüten bekannt und spricht für die Präferenz von Blüten mit hoher Farbreinheit (Lunau 1990; Lunau 1992; Lunau et al 1996). Weiterhin gibt es in der Natur nur sehr wenige bienen-weiße, also UV-reflektierende weiße Blüten. Hingegen gibt es aber eine nicht zu unterschätzende Anzahl an UV-absorbierenden weißen Blüten, die von Bienen besucht werden und diesen blau-grün erscheinen (Daumer 1958; Chittka 1994; Chittka et al 2001). Weiße Blüten, die im ultravioletten Wellenlängenbereich reflektieren, werden in der Regel von Vögeln bestäubt und erscheinen Bienen nicht attraktiv (Lunau et al 2011). Da es sich bei den getesteten Arbeiterinnen um erfahrene Sammlerinnen handelt, ist es möglich, dass diese bereits UV-absorbierende weiße Blüten besucht haben und diese als Ressource für Nektar erschlossen haben. Beide Aspekte erklären zwar, warum ein UV-absorbierender Stimulus gegenüber einem UV-reflektierenden Stimulus präferiert wird, dennoch reichen sie nicht aus, um zu erklären, warum ein UV-absorbierender Stimulus mit hoher Farbintensität (I***/UV-) gegenüber einem UV-absorbierenden Stimulus mit mittlerer Farbintensität (I**/UV-) präferiert wird. Der Unterschied in der Farbreinheit zwischen den beiden Stimuli beträgt lediglich 0,02 Einheiten (R = 1,27 für I***/UV- und R = 1,25 für I**/UV-). Die Stimuli weisen also eine nahezu identische Farbreinheit auf. Hier scheint eher die Farbintensität (I = 34,36 für I***/UV- und I = 29,34 für I**/UV-) einen gewissen Einfluss auf das Verhalten der Bienen auszuüben.

In der fünften Versuchslinie, in der getestet wurde, ob die Arbeiterinnen eine Präferenz für eine bestimmte vorherrschende Wellenlänge aufweisen, zeigen die Bienen eine ausgeprägte Präferenz für den gelben Stimulus. Die vorherrschende Wellenlänge der gelben Stimuli liegt nach der Berechnung nach Valido et al (2011) bei knapp 700 nm. Im Farbhexagon werden die verwendeten Stimuli der Kategorie ‚UV-Grün' zugeordnet. Zwar wird Bienen (explizit der Westlichen Honigbiene *Apis mellifera*) neben einer angeborenen Präferenz für blaue Blüten auch eine Präferenz für gelbe Blüten zugeschrieben, doch liegt die vorherrschende Wellenlänge dieser Blüten im Bereich zwischen 510 und 530 nm und gehört somit zur Kategorie ‚Grün‘ des Hexagons (Giurfa et al 1995). Als Erklärung für die starke Präferenz des gelben Teststimulus sind drei Ansätze vorstellbar: a) Die gezeigte Präferenz repräsentiert eine angeborene Präferenz der Arbeiterinnen für gelbe Blüten. b) Die gezeigte Präferenz ist eine erlernte Präferenz, die möglicherweise auf bereits gemachten Erfahrungen mit gelben Blüten im natürlichen Habitat beruht. c) Bei den gezeigten Präferenzen handelt es sich um spontane Präferenzen, die während der Testphase entwickelt wurden. Für jeden dieser Ansätze gibt es Argumente, die dafür oder dagegen sprechen. Für den ersten Ansatz (angeborene Farbpräferenz) sprechen die folgenden Aspekte: Betrachtet man die Sensitivitätskurven der Photorezeptoren der Honigbiene und markiert die Wellenlängenbereiche, in denen Stimuli liegen für die eine angeborene Präferenz nachgewiesen wurde (z.B. Giurfa et al 1995), so liegen diese Markierungen ausschließlich in den Bereichen, in denen mindestens zwei Photorezeptortypen gleichzeitig erregt werden und somit eine feine Farbdiskriminierung möglich ist (Abb. 48a). Zudem konnten Chittka & Menzel (1992) einen Zusammenhang zwischen dem Farbdiskriminierungsvermögen der Honigbiene und der Häufigkeit auftretender Blütenfarben nachweisen (Abb. 48b). Dieser Zusammenhang wird als Indiz für eine evolutionäre Adaption zwischen Blütenfarbe und Photorezeptorausstattung potentieller Bestäuber interpretiert (Chittka & Menzel 1992), wodurch auch eine angeborene Präferenz für Farben, die gut diskriminiert werden können, also Farben im Wellenlängenbereich um 400 nm und um 500 nm, erklärt werden kann. Die Methode, die Chittka & Menzel (1992) verwenden, beruht auf dem Setzen sogenannter ‚Markerpoints‘ (Markierungspunkte). Diese Punkte werden an Wendepunkten der Reflexionskurven gesetzt, wobei gesagt werden muss, dass die Definition eines Markierungspunktes in einigen Fällen schwer nachvollziehbar ist. Bei der Betrachtung der Reflexionsspektren der gelben Stimuli lässt sich aber ein Wendepunkt bei 500 nm sehr deutlich erkennen (Abb. 48c). Folglich passen die gelben Stimuli sehr gut in das Konzept von Chittka & Menzel (1992), sodass eine mögliche Schlussfolgerung wäre, dass die Arbeiterinnen eine angeborene Präferenz für die gefundene vorherrschende Wellenlänge zeigen. Ganz ausreichend scheint diese Erklärung aber nicht zu sein, da auch die ultramarinblauen Stimuli einen Markierungspunkt im ‚richtigen' Wellenlängenbereich, also bei 500 nm, aufweisen (Abb. 48d) und demnach auch eine angeborene Präferenz für blaue Blüten ausgeprägt werden sollte.

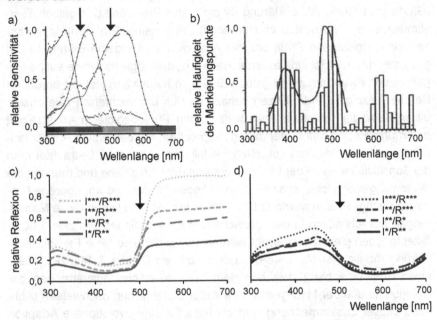

Abb. 48: Einordnung der verwendeten Testfarben anhand veröffentlichter Ergebnisse a) Allgemeinhin wird eine angeborene Präferenz für blaue und gelbe Blütenfarben angenommen (Giurfa et al 1995). Die präferierten Wellenlängen liegen bei etwa 400 nm und 500 nm (Pfeile), also in einem Wellenlängenbereich, in dem die Biene Farbe diskriminieren kann (Grafik nach Peitsch et al 1992). b) Chittka & Menzel (1992) entwickelten eine Methode zur Einordnung der auftretenden Blütenfarben in Abhängigkeit von der Wellenlänge. Sie markierten die Wendepunkte im Reflexionsspektrum einer Blüte und trugen die Anzahl der bei den vielen untersuchten Arten gefundenen Markierungspunkte gegen die Wellenlänge auf. Blüten der meisten Arten wiesen einen Markierungspunkt um 400 nm und/oder um 500 nm auf. In diesen Wellenlängenbereichen ist das Diskriminierungsvermögen der Biene, beschrieben durch die von Helversen-Funktion (schwarze Linie), besser als in den übrigen Wellenlängenbereichen (Grafik nach Chittka & Menzel 1992). c) & d) Die Reflexionsspektren der verwendeten Farbstimuli wurden auf das Vorhandensein passender Wendepunkte untersucht. Sowohl die gelben als auch die ultramarinblauen Stimuli weisen Wendepunkte bei ca. 500 nm auf und passen somit gut in die von Chittka & Menzel (1992) erstellte Verteilung.

Chittka & Menzel (1992) erklären das entstehende Muster aus Häufigkeit des Auftretens bestimmter Blütenfarben und Photorezeptorausstattung der Biene (Abb. 48b), also die hypothetisierte evolutionäre Adaption dieser beiden Aspekte, mit der Fähigkeit der Biene, Farben zu diskriminieren. Pflanzen, deren Blütenfarbe sehr gut gegenüber anderen Farben diskriminiert werden kann, hätten somit einen reproduktiven Vorteil gegenüber Pflanzen, deren Blütenfarbe weniger gut unterschieden werden kann. Eine alternative Erklärung für diese evolutionäre Adaption und die identische Musterausbildung zwischen Auftreten von Blütenfarben und Photorezeptorausstattung eines potentiellen Bestäubers liegt in der Detektierbarkeit einer Blüte. Der erste Schritt eines Blütenbesuchs beginnt mit der Erkennung einer Blüte durch die Biene. Die Blüte sollte sich daher farblich vom Hintergrund absetzen, um für den Bestäuber detektierbar zu sein. Der Selektionsvorteil einer Blüte könnte also auch darin bestehen, dass ihre Farbe eine Erregung in den Photorezeptortypen auslöst, die entweder stärker oder schwächer ausgeprägt ist, als die Erregung der Phototrezeptoren, die durch den Hintergrund ausgelöst wird. Je stärker die Unterschiede in dieser Erregung sind, desto besser ist die Blüte für eine Biene gegenüber dem Hintergrund detektierbar.

5.2. Farbpräferenzen von *Melipona mondury* (grauer Hintergrund)

Auch bei den Arbeiterinnen von *Melipona mondury* kann kein linearer Zusammenhang zwischen einem einzelnen Farbparameter und der relativen Anzahl der Anflüge nachgewiesen werden.

Bei der detaillierten Betrachtung der gezeigten Verhaltensweisen können Farbpräferenzen in drei der fünf durchgeführten Versuchslinien statistisch nachgewiesen werden. Lediglich bei der zweiten und dritten Versuchslinie (Aufbau II: Ultramarinblau und Aufbau III: Gelb) können lediglich tendenzielle Farbpräferenzen erfasst werden[33].

Insbesondere in den ersten beiden Versuchslinien (Himmelblau und Ultramarinblau) zeigen die Arbeiterinnen von *M. mondury* die gleiche Präferenz für Farbstimuli mit mittlerer Farbintensität und hoher Farbreinheit (I^{**}/R^{***}) und/oder mit niedriger Farbintensität und mittlerer Farbreinheit (I^*/R^{**}) wie

---

33 Um den Lesefluss zu gewährleisten, werden im Folgenden tendenzielle Farbpräferenzen und statisch nachgewiesene Farbpräferenzen äquivalent behandelt. Zu berücksichtigen ist, dass die Farbpräferenzen in Aufbau II: Ultramarinblau und Aufbau III: Gelb nicht signifikant sind.

die Arbeiterinnen von *Melipona quadrifasciata*. Auch hier scheint also der Zusammenhang aus Farbintensität und Farbreinheit das Verhalten der Bienen zu beeinflussen.

In der gelben Versuchslinie zeigen die Arbeiterinnen eine leichte Präferenz für den Farbstimulus mit hoher Farbintensität und hoher Farbreinheit (I***/R***). Etwas weniger häufig werden die Stimuli mit mittlerer Farbintensität und hoher Farbreinheit (I**/R***) und niedriger Farbintensität und mittlerer Farbreinheit (I*/R**) angeflogen. Der Stimulus mit mittlerer Farbintensität und niedriger Farbreinheit (I**/R*) wird am wenigsten häufig angeflogen. Dieses Verhaltensmuster kann, wie auch bei *M. quadrifasciata*, nicht durch den Einfluss eines einzelnen Parameters erklärt werden. Sollte allein die Farbreinheit als determinierender Faktor wirken, müssten die Stimuli mit hoher Farbreinheit (I***/R*** und I**/R***) gleich häufig angeflogen werden. Die gezeigten Präferenzen deuten aber auch hier auf einen Zusammenhang zwischen Farbintensität und Farbreinheit hin.

In der vierten Versuchslinie (Aufbau IV: Weiß) unterscheiden sich die gezeigten Präferenzen von *M. mondury* stark von den Präferenzen von *M. quadriafasciata*. Die Arbeiterinnen von *M. mondury* zeigen starke Präferenzen für die UV-reflektierenden Stimuli, wobei der Stimulus mit hoher Farbintensität (I***/UV+) geringfügig häufiger angeflogen wird als der Stimulus mit mittlerer Farbintensität (I**/UV+). Die hier gezeigten Präferenz lassen sich nicht mit einer Präferenz für Stimuli mit einer hohen Farbreinheit (I***/UV+ mit R = 0,07 und I**/UV+ mit R = 0,05) erklären. Auch der Einbezug möglicher bisheriger Erfahrung im natürlichen Habitat ist vermutlich nicht ausreichend, da es nur wenige mellitophile weiße Blüten gibt, die im ultravioletten Wellenlängenbereich reflektieren (Kevan et al 1996; Lunau et al 2011). Lediglich die Einbindung der Farbpräferenzen in ein Farbsehmodell, welches die halbmaximale Adaption der Photorezeptoren an den Hintergrund berücksichtigt (Laughlin 1981, Chittka 1992), bietet eine mögliche Erklärung für die Präferenz der UV-reflektierenden Stimuli gegenüber den UV-absorbierenden Stimuli. Der gewählte Hintergrund (graue PVC-Folie) weist im Gegensatz zur grünen Vegetation im natürlichen Habitat keine Reflektion im ultravioletten Wellenlängenbereich auf. Im natürlichen Habitat kontrastiert ein UV-absorbierender weißer Stimulus stärker zur Vegetation als ein UV-reflektierender Stimulus und kann leichter detektiert werden. Im durchgeführten Versuch ist der Kontrast aufgrund der Wahl des Hintergrundes (UV-absorbierend) reziprok. Das bedeutet, dass ein UV-reflektierender weißer Stimulus stärker zum verwendeten Hintergrund kontrastiert als ein UV-absorbierender weißer Stimulus. Die Präferenz für UV-reflektierende weiße Stimuli beruht möglicherweise auf der besseren Detektierbarkeit der Stimuli gegenüber dem verwendeten Hintergrund[34].

In der fünften Versuchslinie, in der getestet wurde, ob die Bienen eine Präferenz für eine bestimmte vorherrschende Wellenlänge aufweisen, zeigen die Arbeiterinnen von *M. mondury* eine ausgeprägte Präferenz für den ultramarinblauen Stimulus. Die vorherrschende Wellenlänge der ultramarinblauen Stimuli liegt bei ca. 445 nm (berechnet nach Valido et al 2011). Nach dem Hexagon weisen die Stimuli eine vorherrschende Wellenlänge zwischen 420 nm und 430 nm auf und liegen somit im idealen Wellenlängenbereich, um von der Biene diskriminiert werden zu können (Chittka & Menzel 1992). Nach der obigen Argumentation lässt sich also kein Rückschluss ziehen, ob es sich bei den gezeigten Präferenzen um angeborene, erlernte oder spontane Präferenzen handelt. Der folgende Vergleich zwischen beiden *Melipona*-Arten (nächstes Kapitel) behandelt die Aspekte, die auf eine erlernte Farbpräferenz hinweisen.

5.3. Vergleich der Farbpräferenzen der getesteten *Melipona*-Arten

In den ersten drei Versuchslinien (Aufbau I: Himmelblau, Aufbau II: Ultramarinblau und Aufbau III: Gelb) zeigen die Arbeiterinnen von *Melipona mondury* und *Melipona quadrifasciata* ähnliche Farbpräferenzen. Innerhalb eines Versuchsdesigns mit vier ähnlichen Stimuli, die sich lediglich in Farbintensität und Farbreinheit, nicht aber in ihrer vorherrschenden Wellenlänge unterscheiden, scheinen die Bienen die beiden Parameter in ähnlicher Weise zu bewerten. Bei beiden Arten lässt sich der Einfluss eines einzelnen Parameters auf das Wahlverhalten nicht eindeutig aufklären, vielmehr scheinen beide variierenden Parameter (Farbintensität und Farbreinheit) das Wahlverhalten der Bienen zu beeinflussen. In der vierten Versuchslinie (Aufbau IV: Weiß) zeigen die Arbeiterinnen von *M. quadrifasciata* eine Präferenz für UV-absorbierende Stimuli mit hoher Farbintensität (I***/UV-) und Arbeiterinnen von *M. mondury* eine Präferenz für UV-reflektierende Stimuli (I***/UV+ und

---

34 Im späteren Vergleich der Farbpräferenzen der beiden getesteten *Melipona*-Arten wird noch einmal auf diesen Aspekt eingegangen.

I**/UV+). Die Farbintensität scheint hier eine etwas untergeordnetere Rolle als beim Wahlverhalten von *M. quadrifasciata* zu spielen. Mögliche Erklärungen für dieses Präferenzmuster wurden bereits oben erwähnt und werden auch unter dem Diskussionspunkt über den Einfluss von Kontrasten (Kapitel 5.8.) aufgegriffen.

In der fünften Versuchslinie zur Überprüfung einer möglichen Präferenz für eine bestimmte vorherrschende Wellenlänge zeigen die beiden Arten eine deutlich ausgeprägte Farbpräferenz. Arbeiterinnen von *M. quadrifasciata* zeigen eine Präferenz für den gelben Stimulus, während Arbeiterinnen von *M. mondury* eine deutliche Präferenz für den ultramarinblauen Stimulus aufweisen. In der vorherigen Diskussion wurde bereits angemerkt, dass nicht eindeutig herausgearbeitet werden kann, ob es sich bei den gezeigten Präferenzen um angeborene, erlernte oder spontane Farbpräferenzen handelt. Die weitere Beurteilung erfordert vielmehr den Einbezug ökologischer Verhaltensweisen von Stachellosen Bienen. Durch ihre natürlichen Verbreitungsgebiete sind Stachellose Bienen einem sehr hohen Konkurrenzdruck um Ressourcen, wie beispielsweise Nektar, ausgesetzt und daher in der Lage, je nach Angebot, spontane Präferenzen für bestimmte Blütenfarben oder Blütendüfte zu entwickeln (Biesmeijer & Slaa 2004). Die gezeigten Präferenzen lassen sich allerdings nicht allein mit der Fähigkeit zur Ausbildung von spontanen Präferenzen erklären, da die Versuche über einen Zeitraum von mehreren Wochen und mit Arbeiterinnen verschiedener Völker durchgeführt wurden. Die Präferenzen für gelbe bzw. blaue Teststimuli sind aber unabhängig von dem Zeitpunkt der Versuchsdurchführung und dem verwendeten Volk gezeigt worden. Dies bedeutet, dass eine *M. mondury* Arbeiterin aus Volk 1, die Anfang März getestet wurde, die gleiche Blaupräferenz aufweist wie eine Arbeiterin aus Volk 2, die Mitte April getestet wurde. Eine ausschließlich spontane Farbpräferenz, die nicht durch angeborene oder erlernte Präferenzen beeinflusst wird, scheint für beide Arten unwahrscheinlich.

Ein weiterer Aspekt, der berücksichtigt werden sollte, ist die Ausbildung verschiedener Fouragierstrategien, die sowohl das interspezifische als auch intraspezifische Verhalten prägen und den Konkurrenzdruck um Ressourcen mildern (Johnson 1983; Roubik 1989). So gibt es beispielweise vier verschiedene Strategien, die Bienen, die alleine und nicht im Schwarm fouragieren, anwenden, um mit dem Konkurrenzdruck umzugehen. Diese Strategien umfassen a) das Vermeiden von anderen Bienen, b) das Verdrängen anderer Bienen, c) die Nachlese hinter anderen Bienen und d) das Einschleichen in das Fouragiermuster anderer Bienen (Johnson 1983; Johnson & Hubell 1974; Biesmeijer & Slaa 2004). Die Folge der ersten beiden Strategien ist eine Aufteilung der Ressourcen.

Da die beiden untersuchten Bienenarten mit weiteren Stachellosen Bienenarten in einem sehr begrenzten Habitat untergebracht waren, könnte es durchaus zu einer strengen Aufteilung der zur Verfügung stehenden natürlichen Ressourcen gekommen sein. Folge dieser Ressourcenaufteilung zwischen den beiden Arten könnte eine unterschiedlich erlernte Farbpräferenz für gelbe bzw. blaue Blüten sein. Während der Versuchsphase zeigte sich, dass die Arbeiterinnen von *M. mondury* und *M. quadrifasciata* oftmals an verschiedenen Stimuli tranken. Auch während der Trainingsphase vermieden die Arten oft den direkten Kontakt und tranken an gegenüberliegenden Seiten des Feeders. Beide Verhaltensweisen sprechen für die Aufteilung der Ressourcen nach Strategie a) und bieten somit Raum für die Interpretation der gezeigten Präferenzen als erlernte Präferenzen. Ein aggressives Verhalten, wie es die Strategie der Verdrängung (b) fordert, konnte nur sehr selten zwischen den beiden Arten beobachtet werden.

Allerdings reichen auch die Nutzung verschiedener Fouragierstrategien, die Aufteilung der Ressourcen und die somit geschaffene Option, bestimmte Blütenfarben zu erlernen nicht aus, um die gezeigten Farbpräferenzen in der fünften Versuchslinie (Aufbau V: vorherrschende Wellenlänge) zu erklären. Eingeschränkt wird die bisherige Argumentation dadurch, dass die in den Versuchen beobachtete Aggression zwar nur sehr selten zwischen den beiden Arten, häufiger aber innerhalb einer Art zwischen Bienen aus verschiedenen Völkern gezeigt wurde. Stachellose Bienen orientieren sich während dem Fouragieren sehr stark an olfaktorischen Hinweisen, wie Duftmarken (‚scent-marks') und Duftwegen (‚scent-trails') (z.B. Lindauer & Kerr 1958; Roubik 1989; Aguilar & Sommeijer 1996; Nieh 2004). Neben diesen aktiv positionierten Duftmarken bewerten Stachellose Bienen aber auch das Profil aus kutikulären Kohlenwasserstoffen, welches eine jede Biene aufweist (Nunes et al 2009). Dieses Profil unterscheidet sich sehr stark auf Artniveau und Kolonieniveau, schwach sogar auf Kastenniveau innerhalb einer Kolonie (Nunes et al 2009). Eine Unterscheidung einer artgleichen Arbeiterin, die zu einem anderen Volk gehört, ist für die Bienen also problemlos möglich. Das folgende Szenario konnte während der Versuchsphase einige Male beobachtet werden und deutet darauf hin, dass auch die getesteten Arbeiterinnen in der Lage sind, Artgenossen, die aus einem anderen Volk stammen, zuverlässig zu erkennen. Arbeitete ich an einem Versuchstag mit einer Arbeiterin aus Stock 1, kehrte diese Arbeiterin am Folgetag zurück zur Arena. Arbeitete ich an diesem Tag mit einer Biene aus Volk 2, trafen sich die beiden Bienen und reagierten häufig sehr aggressiv aufeinander. Diese Aggression endete immer damit, dass eine der Bienen den Versuchsplatz verlies und auch in den kommenden Stunden nicht mehr zurückkehrte. Dieses Verhalten entspricht der zweiten vorgestellten Fouragierstrategie (Verdrängung), die in einer Auftrennung der Ressourcen endet. Theoretisch müssten also auch die beiden Völker von *M. mondury* bzw. die beiden Völker von *M. quadrifasciata* unterschiedliche, volkabhängige Präferenzen aufweisen[35]. Die Ergebnisse legen aber nahe, dass die gezeigten Präferenzen jeweils in beiden Völkern der getesteten Arten konstant sind. Arbeiterinnen aus beiden Völkern von *M. mondury* zeigen eine Präferenz für den ultramarinblauen Stimulus und Arbeiterinnen aus beiden Völkern von *M. quadrifasciata* zeigen eine Präferenz für den gelben Stimulus. Folglich ist es unwahrscheinlich, dass es sich bei den gezeigten Präferenzen um rein erlernte Präferenzen handelt. Es kann also auch nach der Berücksichtigung weiterer ökologischer Aspekte keine genaue Art der Präferenz (angeboren, erlernt oder spontan) herausgearbeitet werden. Die grobe Übereinstimmung der vorherrschenden Wellenlänge der von *M. mondury* präferierten blauen Teststimuli mit der vorherrschender Wellenlänge der Stimuli, bei denen eine angeborene Präferenz von *Bombus terrestris* nachgewiesen konnten (Guirfa et al 1995), deuten darauf hin, dass es sich bei den gezeigten Präferenzen möglicherweise um angeborene Präferenzen handelt. Auch die Konsistenz der gezeigten Präferenzen, unabhängig vom verwendeten Volk, deutet darauf hin, dass die Präferenz für gelbe bzw. blaue Blüten nicht allein auf Erfahrung beruhen kann.

---

35 Natürlich nur unter Annahme der Hypothese, dass eine Ressourcenaufteilung zu unterschiedlichen, erlernten Farbpräferenzen führen kann.

5.4. Einfluss des Hintergrundes auf die Farbpräferenzen

Da in der Literatur angenommen wird, dass die Photorezeptoren während des Fouragierens auf den Hintergrund adaptieren und dabei halbmaximal erregt sind (Laughlin 1981; Chittka 1992), ist es möglich, dass die Auswahl des Hintergrundes die Farbpräferenzen beeinflusst (Forrest & Thomson 2009). Aus diesem Grund wurden die Versuchsreihen mit *Melipona mondury* auf grünem Hintergrund wiederholt. In den ersten vier Versuchslinien sind die Farbpräferenzen, die die Arbeiterinnen auf grauem Hintergrund zeigen, zwar tendenziell vorhanden, sie sind aber nicht mehr signifikant nachweisbar. Lediglich in der fünften Versuchslinie (Aufbau V: vorherrschende Wellenlänge) ist die Präferenz für den ultramarinblauen Stimulus weiterhin signifikant nachweisbar. Insgesamt hat der Wechsel von einem grauen zu einem grünen Hintergrund eine leichte Abschwächung der gezeigten Farbpräferenzen zur Folge. Die Interpretation kann nun in zwei Richtungen erfolgen. Die eine Variante ist davon auszugehen, dass der Hintergrund die Farbpräferenzen stark beeinflusst und daher unterschiedliche Farbpräferenzen gezeigt werden. Alternativ können die abweichenden Ergebnisse auch mit der Erfahrung der Bienen begründet werden. Neuere Studien, wie die von Boyd-Gerny (2010) zeigen, dass die Farbpräferenzen von blütennaiven *Tetragonisca carbonaria* Arbeiterinnen unabhängig von dem verwendeten Hintergrund und für grünen, grauen und schwarzen Hintergrund beständig sind. Die verwendeten *M. mondury* Arbeiterinnen sind bereits erfahrene Sammlerinnen und fouragieren regelmäßig in einer grünen Umgebung. Auch wenn die in dieser Arbeit verwendete grüne PVC-Folie weniger stark im ultravioletten Wellenlängenbereich reflektiert als Blattgrün, weisen die beiden Farben ein ähnliches Reflexionsspektrum auf. Möglich wäre also, dass die Arbeiterinnen bei der Versuchsdurchführung auf grauem Hintergrund keine direkte Verknüpfung zwischen ihrer gewohnten Fouragierumgebung und der für sie neuen Umgebung (graue Arena) herstellen können und so nicht unmittelbar auf ihre Erfahrung zurückgreifen können. Sie wählen möglicherweise akkurater und lassen sich in ihrer Entscheidung stärker von den Farbparametern beeinflussen. Auf grünem Hintergrund können die erfahrenen Arbeiterinnen auf ihre Erfahrung zurückgreifen und bewegen sich in einer Art natürlichen Umgebung. Möglicherweise sind sie in dieser Umgebung nicht so stark von der Ausprägung einzelner Farbparameter abhängig und neigen daher zu einer

Art Generalisierung der Farben. Dies erklärt auch, warum in den Versuchslinien, in denen sich die Farbparameter nur geringfügig verändern (Farbintensität und Farbreinheit in Aufbau I-III) keine signifikanten Farbpräferenzen nachweisbar sind. In der fünften Versuchslinie, in der der untersuchte Parameter (vorherrschende Wellenlänge) stark variiert, bleibt die Präferenz für den ultramarinblauen Stimulus bestehen. Bei der Präsentation der Farbstimuli auf grünem Hintergrund zeigen die getesteten Arbeiterinnen wesentlich häufiger eine Präferenz für eine bestimmte Position als für einen bestimmten Farbstimulus, entscheiden sich schneller für einen Stimulus und neigen dazu in eine Art willkürliches Wahlverhalten zu verfallen. Die genannten Aspekte deuten darauf hin, dass die Unterschiede in den Farbpräferenzen nicht durch den verwendeten Hintergrund, sondern durch die Erfahrung der Arbeiterinnen mit einer solchen Hintergrundfarbe hervorgerufen werden.

5.5. Erklärung des Zusammenhangs verschiedener Farbparameter

Wie bereits erwähnt, deuten die Ergebnisse darauf hin, dass die Farbpräferenzen von *Melipona quadrifasciata* und *Melipona mondury* sehr komplex sind und nicht durch einen einzigen Farbparameter beschrieben und erklärt werden können. Insbesondere in den ersten drei Versuchslinien (Aufbau I: Himmelblau, Aufbau II: Ultramarinblau und Aufbau III: Gelb) scheinen beide Parameter (Farbintensität und Farbreinheit) in einer Art Zusammenhang das Wahlverhalten zu beeinflussen. Um das Zusammenwirken der beiden Parameter nachvollziehen zu können, wird im Folgenden ein hypothetisches Modell, basierend auf den Farbpräferenzen von *M. quadrifasciata*, vorgestellt (Abb. 49).

Die gezeigten Präferenzen lassen den Schluss zu, dass die beiden Farbparameter in linearer Abhängigkeit voneinander bewertet werden. In einer ersten Stufe der Bewertung wird der Grad der Farbreinheit eines Stimulus eingestuft. Überschreitet die Farbreinheit einen gewissen oberen Schwellenwert, verläuft die Bewertung des Stimulus unabhängig von der Farbintensität. Die Blüte weist eine Farbe mit einer hohen Farbreinheit auf und wird als attraktiv eingestuft. Die Biene besucht die Blüte. Ein Beispiel für diesen Verarbeitungsweg ist die dritte Versuchslinie (Aufbau III: Gelb). Hier präferieren die Bienen die Farbstimuli mit hoher Farbreinheit (I***/R*** und I**/R***) (Abb. 49; grüner Pfeil in der gelben Versuchslinie). Die Farbintensität scheint eine untergeordnete Rolle zu spielen.

Unterschreitet die Farbreinheit eines Farbstimulus einen gewissen unteren Schwellenwert, findet ebenfalls eine von der Farbintensität unabhängige Bewertung statt. In diesem Fall ist die Farbreinheit zu niedrig, die Blüte wird als nicht attraktiv eingestuft und nicht (oder nur selten) besucht. Auch hier kann die gelbe Versuchsreihe als Beispiel herangezogen werden. Der Farbstimulus mit niedriger Farbreinheit (I^{**}/R^*) wird sehr wenig angeflogen (Abb. 49; roter Pfeil in der gelben Versuchslinie).

Innerhalb der beiden Schwellenwerte für den Parameter Farbreinheit findet eine optionale zweite Stufe der Bewertung der Farbstimuli statt, bei der die Farbintensität der Stimuli berücksichtigt wird. Weist ein Farbstimulus also eine Farbreinheit auf, die innerhalb der beiden Schwellen liegt, prüft die Biene die Farbintensität des Stimulus. Treten die beiden Parameter in einem bestimmten Verhältnis zueinander auf (z.B. mittlere Farbintensität und hohe Farbreinheit (I^{**}/R^{***}) oder niedrige Farbintensität und mittlere Farbreinheit (I^*/R^{**})), bewertet die Biene den präsentierten Stimulus als attraktiv und besucht ihn. Dieses ‚richtige' Verhältnis von Farbintensität und Farbreinheit könnte bespielweise in der ultramarinblauen Versuchslinie vorhanden sein, da hier die Bienen die Stimuli I^{**}/R^{***} und I^*/R^{**} präferieren (Abb. 49). Stimmt das Verhältnis zwischen Farbintensität und Farbreinheit nicht, ist der Stimulus für die Biene nicht attraktiv und wird nicht besucht. Dies könnte beispielsweise bei dem ultramarinblauen Stimulus mit hoher Farbintensität und hoher Farbreinheit (I^{***}/R^{***}) der Fall sein. Hypothetisch sollte dieser Stimulus sehr attraktiv für die Biene sein und somit oft besucht werden. In den Versuchen wurde dieser Stimulus aber erst an dritter oder gar vierter Position gewählt (Abb. 49; roter Pfeil in der ultramarinblauen Versuchslinie).

Das Modell legt nahe, dass die Biene also in der Lage ist, die Farbreinheit als absoluten Wert oder als relativen Wert zu beurteilen. Bei der absoluten Wertung ist die Farbreinheit alleiniger determinierender Faktor über das Wahlverhalten. Bei der relativen Wertung hängt die Beurteilung der Farbreinheit von der Farbintensität des Stimulus ab. In diesem Fall beeinflusst die Kombination der beiden Parameter das Wahlverhalten der Bienen. Die Lage der Schwellenwerte scheint von der vorherrschenden Wellenlänge abhängig zu sein. So reicht im durchgeführten Versuch weitestgehend die Farbreinheit der gelben Stimuli (Aufbau III), um als absoluter Parameter bewertet zu werden, in der ultramarinen Versuchslinie müssen beide Parameter bewertet werden.

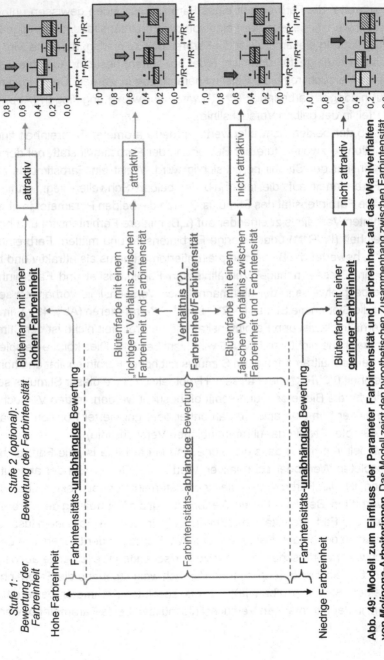

Abb. 49: Modell zum Einfluss der Parameter Farbintensität und Farbreinheit auf das Wahlverhalten von *Melipona*-Arbeiterinnen. Das Modell zeigt den hypothetischen Zusammenhang zwischen Farbintensität und Farbreinheit auf. Vorstellbar ist ein komplexes Zusammenwirken der beiden Parameter. Eine detaillierte Erklärung ist dem Text zu entnehmen.

5.6. Farbpräferenzen von *Bombus terrestris* auf grauem Hintergrund

Dieser Versuchsteil wurde mit blütennaiven Arbeiterinnen von *Bombus terrestris* durchgeführt, deren Erfahrung sich auf das Fouragieren an durchsichtigen Spritzen im Flugkäfig und an grauen bzw. schwarzen Feedern innerhalb einer kurzen Trainingsphase beschränkt. In diesem Versuchsteil sollten sich also angeborene Farbpräferenzen beobachten lassen.

Die Arbeiterinnen von *B. terrestris* zeigen lediglich in zwei der fünf durchgeführten Versuchslinien statistisch nachweisbare Farbpräferenzen (Aufbau I: Himmelblau und Aufbau IV: Weiß). Auch die tendenziellen Farbpräferenzen unterscheiden sich von Versuchslinie zu Versuchslinie. In der ersten Versuchslinie (Aufbau I: Himmelblau) zeigen die Arbeiterinnen eine Präferenz für den Stimulus mit geringer Farbintensität und mittlerer Farbreinheit (I*/R**) gegenüber den übrigen Stimuli. Weiterhin fliegen die Hummeln den hypothetisch attraktivsten Stimulus (I***/R***) am wenigsten häufig an. Die gezeigten Präferenzen lassen sich auch bei den Stachellosen Bienenarten beobachten. Ein großer Unterschied der Präferenzen von *B. terrestris* zu den Präferenzen der *Melipona*-Arbeiterinnen besteht in der Präferenz des Stimulus mit mittlerer Farbintensität und geringer Farbreinheit (I**/R*). Dieser wird von den Hummeln sehr häufig, von den Stachellosen Bienen aber nur sehr selten angeflogen.

In der ultramarinblauen Versuchslinie können keine Farbpräferenzen nachgewiesen werden, allerdings kann eine tendenzielle Präferenz für den Stimulus I**/R*** beobachtet werden. Im Gegensatz zu den Stachellosen Bienen präferieren die Hummeln abermals den Stimulus mit mittlerer Farbintensität und geringer Farbreinheit (I**/R*). Auch in der gelben Versuchslinie wird neben dem Stimulus mit geringer Farbintensität und mittlerer Farbreinheit (I*/R**) wiederum der Stimulus mit der geringsten Farbreinheit (I**/R*) präferiert. Dieses Ergebnis ist nur sehr schwer in die Literatur einzuordnen, da bereits mehrfach nachgewiesen wurde, dass blütennaive Hummeln eine Präferenz für spektral reine Farben zeigen (z.B. Lunau 1990; Lunau et al 1996; Papiorek et al 2013). Auch ältere Literatur weist auf eine spontane Präferenz für spektral reine Farben hin, wenn simultan präsentierten Stimuli die identische vorherrschende Wellenlänge aufweisen (Daumer 1956; Menzel 1967). In den durchgeführten Versuchen wird allerdings in allen drei relevanten Versuchslinien (Aufbau I – III) der Stimulus mit geringer

Farbreinheit (I**/R*) präferiert. Bei der Interpretation dieser Präferenz dachte ich zuerst daran, dass die Trainingsphase zu lang gestaltet wurde und so eine Art Generalisierung zwischen Trainings- und Teststimulus, wie sie Gumbert (2000) für *B. terrestris* nachweisen konnte, aufgetreten ist. Nach Gumbert (2000) beruht dieser Generalisierungseffekt allerdings auf dem Vergleich der vorherrschenden Wellenlänge, sodass ein Teststimulus, dessen vorherrschende Wellenlänge der Wellenlänge des Trainingsstimulus entspricht, präferiert wird. Da die vier Stimuli einer Versuchslinie aber jeweils die gleiche vorherrschende Wellenlänge aufweisen, kann diese Generalisierung (falls sie dann stattgefunden hat) nicht mit der vorherrschenden Wellenlänge zusammenhängen. Vergleicht man aber die Farben der präferierten Stimuli (Himmelblau I**/R*, Ultramarinblau I**/R* und Gelb I**/R*) mit der Farbe des Hintergrundes, so ähneln sich diese Farben für den menschlichen Betrachter stärker als beispielweise die Stimuluskombination I**/R*** und der Hintergrund. Daher wurde zudem untersucht, ob das Prinzip der Generalisierung möglicherweise auf die Parameter Farbreinheit und/oder Farbintensität erweiterbar ist. Der Hintergrund (graue PVC-Folie), auf den die Bienen trainiert wurden, weist eine Farbintensität von I = 9,55 und eine Farbreinheit von R = 1,25 auf (berechnet nach Valido et al 2011). Je nachdem, ob eine Generalisierung bezüglich des Parameters Farbintensität oder eine Generalisierung bezüglich des Parameters Farbreinheit auftritt, sollten verschiedene Stimuli präferiert werden (Tab. 11).

Tab. 11: Erweiterter Generalisierungseffekt zwischen präferiertem Stimulus und Hintergrund ('Trainingsstimulus') in Abhängigkeit vom Farbparameter. Nach Gumbert (2000) kann bei *Bombus terrestris* ein Generalisierungseffekt auftreten, sodass neu präsentierte Farbstimuli nach ihrer Ähnlichkeit zum Trainingsstimulus gewählt werden. Die Tabelle zeigt die Stimuli, die die Hummeln präferieren sollten, wenn ein Generalisierungseffekt in Abhängigkeit von der Farbintensität (a) oder in Abhängigkeit von der Farbreinheit (b) auftritt. Sollte also ein Generalisierungseffekt zwischen Teststimulus und Trainingshintergrund in Abhängigkeit von der Farbintensität auftreten, müsste die Hummel in Aufbau I den Stimulus I*/R** präferieren (usw.). Die grün markierten Stimuli repräsentieren die Stimuli, die theoretisch und praktisch präferiert werden sollten bzw. werden.

Generalisierungs-kriterium	Aufbau I: Himmelblau	Aufbau II: Ultramarinblau	Aufbau III: Gelb
a) Farbintensität	I*/R** mit I = 7,46	I***/R*** mit I = 9,48	I*/R** mit I = 9,46
b) Farbreinheit	I***/R*** mit R = 1,21	I**/R* mit R = 1,28	I**/R* mit R = 1,14

Unter der Annahme eines Generalisierungseffekts in Abhängigkeit der Farbreinheit gibt es in zwei von drei Versuchslinien eine Übereinstimmung zwischen gezeigter und theoretischer Präferenz der Stimuli. Allerdings sollte eine so hypothetische Überlegung nur sehr vorsichtig verwendet werden, da die Datenlage keine eindeutige Schlussfolgerung zulässt. Ein weiterer Aspekt, der gegen diese Überlegung spricht, ist die Dauer der Trainingsphase. Zu den Versuchen wurden nur Arbeiterinnen zugelassen, die maximal zehn Trainingseinheiten, also zehn Anflüge in der Arena, benötigten, um erfolgreich am Versuch teilnehmen zu können. Das Erlernen einer bestimmten Farbe benötigt aber in der Regel um die 15 Trainingseinheiten (Morawetz & Spaethe 2012; eigene Beobachtungen). Ein Erlernen der Hintergrundfarbe und das damit verbundene Einsetzen eines Generalisierungseffekts sollte daher auszuschließen sein.

In der weißen Versuchslinie zeigen die Arbeiterinnen von *B. terrestris* ein ähnliches Präferenzmuster wie die Arbeiterinnen von *Melipona mondury* und präferieren UV-reflektierende Stimuli gegenüber UV-absorbierenden Stimuli. Auch hier wird der Stimulus mit der höheren Farbintensität (I***/UV+) etwas häufiger angeflogen als der UV-reflektierende Stimulus mit mittlerer Farbintensität (I**/UV+). Wie auch bei *M. mondury* könnte die Ausbildung der Präferenz für UV-reflektierende Stimuli durch die bessere Detektierbarkeit gegen den Hintergrund (UV-absorbierende graue PVC-Folie) bedingt sein.

Bei der Überprüfung einer Präferenz für eine bestimmte vorherrschende Wellenlänge (Versuchslinie 5) kann keine statistisch nachweisbare Präferenz erfasst werden. Die Anflüge verteilen sich gleichmäßig auf die vier Stimuli (Himmelblau mit 21% aller Anflüge, Ultramarinblau mit 25%, Gelb mit 28% und Weiß mit 26%). Die in der Literatur beschriebene angeborene Präferenz für Stimuli mit bestimmter vorherrschender Wellenlänge kann nicht bestätigt werden (z.B. Menzel 1967; Giurfa et al 1995; Hill 1997; Gumbert 2000; Dyer et al 2007; Ings et al 2009; Hudon & Plowright 2011; Morawetz et al 2013).

Folglich können die gezeigten Präferenzen weder durch eine angeborene Präferenz für Farben mit einer hohen spektralen Reinheit noch durch eine angeborene Präferenz für Farben mit einer bestimmten vorherrschenden Wellenlänge (z.B. im blauen oder gelben Wellenlängenbereich) erklärt werden. Auch die Einbindung der Farbpräferenzen in einen ökologischen Kontext erscheint in diesem Fall nicht sinnvoll, da es sich bei den getesteten

Arbeiterinnen um unerfahrene Sammlerinnen handelt, die auf keine Vorerfahrung mit farbigen Blüten zurückgreifen können. Zur weiteren Untersuchung der gezeigten Farbpräferenzen wurden die Farbstimuli in einem Farbsehmodell (Farbhexagon nach Chittka 1992) dargestellt und dort weiter analysiert.

5.7. Darstellung im Farbhexagon und der Einfluss der Farbintensität

In der vorliegenden Arbeit wurden die Parameter Farbintensität, Farbreinheit
und vorherrschende Wellenlänge anhand der Reflexionsspektren berechnet
(nach Valido et al 2011). Folglich werden weder die anatomische Ausstattung
bezüglich der Photorezeptoren noch die neuronale Verarbeitung von Farbreizen berücksichtigt. Um auszuschließen, dass die gezeigten Präferenzen
nur aufgrund dieser Art der Stimulusauswahl zustande kommen, wurden die
verwendeten Farbstimuli in ein gängiges Farbsehmodell geplottet. Das Farbhexagon berücksichtigt die Photorezeptorausstattung der untersuchten
Biene sowie die Grundzüge der neuronalen Verarbeitung von Farbreizen.
Mittels Hexagon wurden ebenfalls die spektrale Reinheit und der Farbkontrast berechnet.

Aber auch die Betrachtung der gezeigten Präferenzen unter Einbezug des
Hexagons lassen keine eindeutigen Schlüsse zu, da weder zwischen spektraler Reinheit einer Farbe und der relativen Anzahl der Anflüge noch zwischen dem Farbkontrast und der relativen Anzahl der Anflüge eine Zusammenhang aufgezeigt werden kann[36].

Abgesehen davon, dass die gezeigten Präferenzen auch mit einem Farbsehmodell nicht erklärt werden können, wird bei der Auftragung der Farborte
in das Hexagon deutlich, wie schwierig es ist, den Parameter Farbintensität
in der Auswahl der Stimuli zu berücksichtigen. Grundlage dieser Problematik
sind die Annahme des Hexagons, dass a) achromatische Reize nicht von der
Biene verarbeitet werden, b) es sich bei der Phototransduktion in den Photorezeptoren um einen nichtlinearen Prozess handelt und c) die Signale der
Photorezeptoren über eine lineare Gegencodierung verschaltet werden

---

36 Der Vollständigkeit halber wurden auch die gezeigten Präferenzen der Stachellosen
    Bienen mittels Hexagon überprüft. Auch hier kann kein Zusammenhang zwischen der
    spektralen Reinheit oder dem Farbkontrast und den gezeigten Präferenzen nachge-
    wiesen werden. Die detaillierte statistische Analyse ist dem elektronischen Anhang
    beigefügt.

(Backhaus 1991; Chittka 1992). Aus den letzten beiden Annahmen resultiert der sogenannte Bezold-Brücke-Effekt (Backhaus 1991; Backhaus 1992; Chittka 1992). Dieser Effekt beschreibt die veränderte Wahrnehmung des Farbtons eines monochromatischen Lichtes in Abhängigkeit von dessen Intensität (bzw. Leuchtdichte) (Fairchild 2005). Einfacher ausgedrückt besagt dieser Effekt, dass sich der wahrgenommene Farbton eines Stimulus ändern kann, wenn der Stimulus heller oder dunkler präsentiert wird. Backhaus (1992) konnte die Existenz dieses Effekts in der Honigbiene experimentell nachweisen und bereits damals die Ursachen für das Auftreten dieses Effekts (lineare Gegencodierung und nichtlineare Phototransduktion) festmachen. Alle folgenden Farbsehmodelle, die die Erregungswerte der Photorezeptoren unter diesen Annahmen berechnen (und das sind alle Modelle, die mit der Erregung der Photorezeptoren arbeiten), inkludieren, dass der Bezold-Brücke Effekt für sämtliche Bienenarten gültig ist.

Ursprünglich wurde dieser Effekt an monochromatischen Lichtern beschrieben, deren variierende Leuchtdichte eine Verschiebung des wahrgenommenen Farbtons verursacht (Fairchild 2005). Folglich ist die Intensität des Stimulus und nicht die Intensität des Umgebungslichtes ausschlaggebend für die Farbtonverschiebung. In seiner Arbeit zum Hexagon erwähnt Chittka (1992) ebenfalls die Existenz des Bezold-Brücke Effekts, begründet sein Auftreten aber vornehmlich mit der Intensität der Beleuchtungsstärke. Auch Dyer (1998) begründet das Auftreten des Effekts mit einer variierenden Intensität der Beleuchtung.

Betrachtet man aber die Lage der Farbloci, der im Versuch verwendeten Farbstimuli, kommen Zweifel auf, ob die Intensität der Beleuchtung alleine (also unabhängig von der Intensität des Stimulus) für die Ausbildung des Bezold-Brücke Effekts zuständig ist. Insbesondere bei der Auftragung der Farborte, die die Stimuli der gelben Versuchslinie repräsentieren, drängt sich der Verdacht auf, dass vielmehr die Intensität der Farbstimuli diesen Effekt hervorruft (Abb. 50). Für die Anmischung der vier gelben Stimuli wurde ein einziges gelbes Pigment verwendet und dieses mit achromatischen Pigmenten (grau, weiß und/oder schwarz) vermischt[37]. Auf der physikalischen Ebene der Farbwahrnehmung weisen also alle vier Farbstimuli die identische vor-

---

37 Zur Erinnerung: Es handelt sich um UV-reflektierende Pigmente, die also auch aus der Sicht der Biene achromatisch sind.

herrschende Wellenlänge auf. Laut Hexagon erscheinen diese vier Stimuli der Hummel aber in verschiedenen Farbtönen, die sie aufgrund der großen Wellenlängenabstände gut diskriminieren können sollte. Besonders deutlich wird dies bei dem Vergleich der Stimuli mit der Parameterkombination hohe Farbintensität und hohe Farbreinheit (I***/R***) sowie mittlere Farbintensität und hohe Farbreinheit (I**/R***). Beide Stimuli unterscheiden sich laut Berechnung (Valido et al 2011) nur in ihrer Farbintensität. Im Hexagon wird deutlich, dass hier der Bezold-Brücke Effekt greift und es zu einer Verschiebung im wahrgenommenen Farbton kommt. Noch ausgeprägter fällt dieser Effekt aus, wenn sich Farbintensität und Farbreinheit ändern.

Bei Betrachtung der Farbloci der Stimuli I***/R*** und I**/R***, die sich lediglich in ihrer Farbintensität unterscheiden, wird deutlich, dass die Lage der Farbloci durch die Farbintensität beeinflusst wird. Den Aussagen des Hexagons folgend müssten Bienen diese beiden Farben als unterschiedliche Farben wahrnehmen können. Diese Überlegung und die gezeigten Farbpräferenzen der Bienen weisen darauf hin, dass die Farbintensität einen gewissen Einfluss auf das Wahlverhalten der Bienen hat. Auch wenn in der Literatur vornehmlich die Meinung vertreten wird, dass die Farbintensität keinerlei Einfluss auf das Farbsehen der Biene ausübt (Kühn & Pohl 1921; Chittka 1992, Chittka et al 1992; Chittka 1999), gibt es einige Hinweise darauf, dass Bienen die Intensität einer Farbe doch in irgendeiner Weise verarbeiten können. Lotmar (1933) führte verschiedene Untersuchungen zum Farbsehen der Honigbiene durch und stellte fest, dass Bienen in der Lage sind, Pigmentfarben, die einer Farbgruppe angehören, sehr gut voneinander zu unterscheiden. So können Bienen verschiedene blaue Attrappen untereinander oder verschiedene gelbe Attrappen untereinander voneinander diskriminieren. Lotmar (1933) stellte weiterhin fest, dass Bienen diese Unterscheidung anhand der Helligkeit der Attrappe treffen und dunkle Farben präferieren. Diese ‚Dunkelreaktion' geschieht unabhängig von der Helligkeit des Hintergrundes auf dem die Attrappen präsentiert werden (Lotmar 1933). Hörmann (1935) führte verschiedene Versuchsreihen zur Bewertung von achromatischen Reizen durch die Biene durch. Hierzu trainierte sie die Bienen auf verschiedene Grautöne und stellte fest, dass a) eine Dressur auf achromatische Farben möglich ist und b) die Bienen eine „starke natürliche Dunkelvorliebe" zeigen (Hörmann 1935). Insgesamt ist eine Dressur auf jede beliebige achromatische Farbe möglich, wobei die Dressur auf Bienenweiß als sehr langwierig beschrieben wird (Hörmann 1935; Hertz 1937; Menzel 1967). In einer neueren Studie (Hempel de Ibarra et al 2000) konnte gezeigt werden, dass helle Stimuli auf dunklem Hintergrund sowie dunkle Stimuli auf hellem Hintergrund sehr gut und zuverlässig erlernt werden. Zudem schlussfolgern Hempel de Ibarra et al (2000), dass farbige Stimuli mit hoher Farbintensität besser detektiert werden können als farbige Stimuli mit geringer Farbintensität (abhängig vom gewählten Hintergrund).

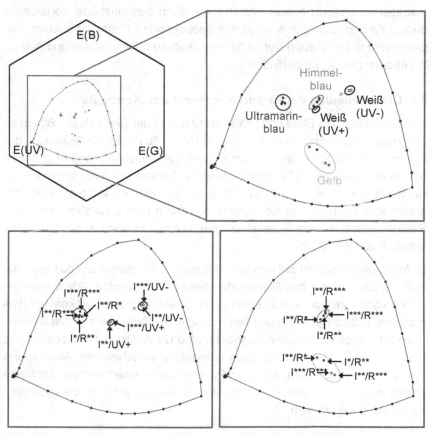

Abb. 50: Darstellung der verwendeten Farbstimuli im Farbhexagon nach Chittka (1992). Die Farborte aller 16 getesteten Stimuli (vier himmelblaue, vier ultramarinblaue, vier gelbe, zwei UV-absorbierende weiße und zwei UV-reflektierende weiße Stimuli) sind in das Hexagon eingetragen (farbige Punkte). Das ‚x' markiert den Farbort der Hintergrundfarbe (graue PVC-Folie). Für die Berechnung der Farborte wurden die Sensitivitätskurven der Photorezeptoren von *Bombus terrestris* und die Beleuchtung (Biolux L36W/965; Osram GmbH; München, Deutschland) berücksichtigt. Der Spektralfarbenzug

wird durch die schwarzen Farborte, die durch eine Linie verbunden sind, repräsentiert. Insbesondere bei der Darstellung der gelben Farbstimuli fällt auf, dass der empfundene Farbton dieser Stimuli für die Biene stark variiert, obwohl alle gelben Stimuli mit dem selben Basispigment (Künstlerpigment ‚Yellow') hergestellt wurden. Auf der physikalischen Ebene weisen also alle gelben Stimuli die gleiche vorherrschende Wellenlänge auf. Die Ursachen für diese Farbtonverschiebung werden im Text diskutiert.

Alle Studien weisen darauf hin, dass die Farbintensität eines Farbstimulus von der Biene verarbeitet wird und das Wahlverhalten beeinflussen kann. Insbesondere die in älterer Literatur mehrfach beschriebene Vorliebe für dunkle Farben lässt sich auch in den beobachteten Präferenzmustern, insbesondere in den blauen Versuchslinien (Aufbau I: Himmelblau und Aufbau II: Ultramarinblau), wiederfinden.

5.8. Determinierung der Farbpräferenzen durch Kontraste

Kontraste zwischen Blüte und Hintergrund helfen der Biene dabei, Blüten zu detektieren und aufzufinden (Giurfa et al 1997). So erfolgt die Bewertung der Blüten bei Betrachtung unter einem kleinen Sehwinkel nach achromatischen Kontrasten, bei großem Sehwinkel erfolgt die Bewertung durch chromatische Kontraste (Giurfa et al 1997, Dyer et al 2008). Auch innerhalb der Blüte orientiert sich die Biene an Kontrasten, die durch unterschiedliche spektrale Reinheitsgrade in den Blütenstrukturen verursacht werden (Lunau 1990; Lunau et al 1996, 2006).

Im folgenden Abschnitt soll nun der Einfluss von Kontrasten auf das gezeigte Präferenzmuster der drei Bienenarten besprochen werden. Wie bereits erwähnt, konnte kein direkter Zusammenhang zwischen dem Farbkontrast (Berechnung mittels Hexagon) und den gezeigten Präferenzen ermittelt werden. Auch für rezeptorspezifische Kontraste, also UV-Kontrast, Blaukontrast und Grünkontrast[38], konnte kein Zusammenhang zwischen der Ausprägung dieser Kontraste und den gezeigten Präferenzen ermittelt werden. Kontraste scheinen also auch kein alleiniger Determinierungsfaktor für die gezeigten Farbpräferenzen zu sein.

---

38 Die rezeptorspezifischen Kontraste wurden mit Hilfe des Quantumcatches berechnet und sind im Ergebnisteil aufgelistet. In der Regel wird lediglich der Grünkontrast weiter untersucht, da dieser eine besondere Rolle während dem achromatischen Sehen spielt. Der Vollständigkeit halber wurden aber auch der UV-Kontrast und der Blaukontrast auf Korrelation überprüft. Die Ergebnisse der statistischen Analyse sind dem elektronischen Anhang beigefügt.

Eine Auffälligkeit bezüglich der Wahrnehmung von Kontrasten bzw. dessen Bewertung soll hier dennoch besprochen werden. Die Versuchsanordnung wurde so gewählt, dass die getestete Biene die Farbstimuli direkt über das chromatische Sehvermögen (also mit ausreichend großem Sehwinkel) detektieren können sollte. Insbesondere bei der Arbeit mit *Bombus terrestris* sollte die Beeinflussung durch achromatische Kontraste minimal sein, da die Arbeiterinnen direkt in die Arena entlassen wurden. In diesem Fall spielt der chromatische Kontrast zwischen Attrappe und Hintergrund eine besonders große Rolle (Giurfa et al 1997; Dyer et al 2008). Der Farbkontrast wird in Hexagoneinheiten angeben und gibt als Farbdistanz Auskunft darüber, wie gut die Biene zwei Stimuli (z.B. den Teststimulus und den Hintergrund) diskriminieren kann. Experimente zeigen, dass *B. terrestris* zwei Farborte mit einer Farbdistanz von 0,02 Hexagoneinheiten zuverlässig diskriminieren kann (Dyer et al 2008). Für Honigbienen gilt ein minimaler Farbstand von 0,01 Hexagoneinheiten als Diskriminierungsgrenze (Dyer & Neumeyer 2005) und für Stachellose Bienen (*Trigona*-Arten) konnte ein minimaler Farbabstand von 0,05 Hexagoneinheiten als Diskriminierungsgrenze festgelegt werden (Spaethe et al 2014). Berücksichtigt man diese Grenzwerte und nimmt diese auch für *Melipona quadrifasciata* und *Melipona mondury* an, wäre nahezu keiner der ausgewählten Farbstimuli für die *Melipona*-Arbeiterinnen diskriminierbar (siehe Farbkontraste in Tab. 8; 9). Insbesondere die Präferenz von *M. quadrifasciata* für UV-absorbierende weiße Teststimuli[39] spricht gegen die Determinierung des Wahlverhaltens durch den Farbkontrast.

5.9. Bewertung der angewandten Methodik und Versuchsdurchführung

Da sich die gezeigten Farbpräferenzen nur schwer in die Literatur einbinden lassen und das Testverfahren einige Abweichungen von gängigen Testverfahren bezüglich Herstellung, Auswahl und Präsentation der Farbstimuli enthält, soll im Folgenden das Testverfahren auf seine Tauglichkeit hin diskutiert werden.

---

39 I***/UV- mit einem Farbkontrast von 0,03 Hexagoneinheiten; I**/UV- mit einem Farbkontrast von 0,01 Hexagoneinheiten.

5.9.1. Verwendung von Pigmenten in Pulverform zur Herstellung von Blütenattrappen

Zwar ist die Herstellung der Blütenattrappen mittels Pigmenten in Pulverform sehr zeitaufwendig, bietet aber den entscheidenden Vorteil, dass die Farbparameter unabhängig voneinander variiert werden können und so eine Vielzahl an Farbstimuli erstellt werden kann. Zudem lassen sich mit dieser Methode sehr feine Unterschiede in den Farbparametern erzeugen. Da das Pigmentpulver zu einer ca. 5 mm dicken Schicht zusammen gepresst wird, treten außerdem keine Additionseffekte, wie z.B. durchscheinendes Papier bei schwach bedruckten Blütenattrappen, auf.

Die Oberfläche der gepressten Pigmentpulver ist matt, sodass störende Reflexionen, wie sie bei der Verwendung von glänzenden Attrappen aus Plastik auftreten können, vermieden werden. Ein Nachteil dieser Form der Blütenattrappen ist die Empfindlichkeit gegenüber Regen. Die Anwendung im Freiland ist also nur sinnvoll, wenn die Möglichkeit besteht, die Versuche unter einem überbedachten Bereich durchzuführen oder eine Unterbrechung der Versuche möglich ist.

Wichtig für zukünftige Versuche ist es, darauf zu achten, dass die Unterschiede zwischen den Farbparametern nicht zu fein gewählt werden. Insbesondere bei den in dieser Arbeit verwendeten ultramarinblauen Farbstimuli sind die Unterschiede in den Parametern Farbintensität und Farbreinheit sehr fein. Zwar sind die gezeigten Präferenzen der untersuchten Bienen innerhalb einer Art ähnlich ausgeprägt und weisen nur eine sehr geringe Streuung auf, dennoch sind sie insgesamt eher schwach ausgeprägt. Hingegen sind die Präferenzen der *Melipona*-Arbeiterinnen in der fünften Versuchslinie (Aufbau V: vorherrschende Wellenlänge) sehr stark ausgebildet. In dieser Versuchslinie unterscheiden sich die präsentierten Stimuli farblich sehr stark voneinander. Bei zukünftigen Arbeiten sollte daher darauf geachtet werden, größere Unterschiede bei den Parametern Farbreinheit und Farbintensität zu erzielen, um so möglicherweise stärker ausgeprägte Präferenzmuster zu erhalten.

Insgesamt aber bieten Pigmentpulver aufgrund der hohen Variabilität bezüglich Farbparameterkombinationen eine sehr gute Methodik zur Herstellung von Blütenattrappen.

5.9.2. Berechnung der Parameter nach Valido et al (2011)

Die Entscheidung, die Farbparameter anhand der Reflexionskurven zu berechnen und die Auswahl der Stimuli nur anhand dieser Berechnungen unabhängig von einem Farbsehmodell festzulegen, wurde aufgrund von zwei Aspekten, die in dieser Arbeit berücksichtigt werden sollten, getroffen.

1) Es sollte der Einfluss aller drei Parameter Farbintensität, Farbreinheit und vorherrschende Wellenlänge getestet werden. Die gängigen Farbsehmodelle schließen einen Einfluss der Farbintensität aber aus.

2) Es ist nur wenig über das Farbsehen von Stachellosen Bienen bekannt, sodass nicht davon aufgegangen werden kann, dass die physiologische Ebene der Farbwahrnehmung bei Stachellosen Biene und Honigbiene oder Hummel identisch sind. Aus diesem Grund wurde versucht auf der physikalischen Ebene von Farbe zu arbeiten. Diese ist für alle Organismen identisch.

Das Prinzip dieser Überlegung ist sehr sinnvoll und sollte auch zukünftig berücksichtigt werden, dennoch weist die Berechnung nach Valido et al (2011) einige Nachteile auf. Das grundlegende Problem dieser Methode ist eine zu starke Vereinfachung. Dies wird besonders beim Vergleich von zwei gelben Stimuli, von denen einer UV-reflektierend und einer UV-absorbierend ist, deutlich. Nach Valido et al (2011) wird die vorherrschende Wellenlänge durch die Wellenlänge mit maximaler Reflexion bestimmt. In beiden Fällen liegt die vorherrschende Wellenlänge bei 700 nm. Die Photorezeptorausstattung der Biene lässt aber den Schluss zu, dass die beiden Stimuli als unterschiedliche Farbtöne wahrgenommen werden. Diese Problematik führt direkt zur nächsten Einschränkung: Die berechneten Parameterwerte werden als absolute Werte ausgegeben und sind daher nur innerhalb eines Kurvenverlaufs vergleichbar. Weisen zwei Reflexionsspektren den gleichen Kurvenverlauf, also die gleiche ‚Form' auf, können die Werte für Farbintensität und Farbreinheit untereinander verglichen werden. Die berechnete Farbreinheit eines blauen Stimulus und eines gelben Stimulus können hingegen nicht verglichen werden. Um an der Berechnung der Farbparameter anhand der Reflexionskurven festzuhalten, muss ein Weg gefunden werden, die berechneten Werte durch eine Art Relativierung für verschiedene Reflexionsspektren vergleichbar zu machen.

Eine weitere Überlegung sollte sein, ob die ausgewählten Parameter sinnvoll sind. Ein interessanter Ansatzpunkt findet sich in den Arbeiten von Richter (1981) und Lübbe (2011, 2013). Während die Definitionen der Parameter vorherrschende Wellenlänge als chromatischer Aspekt von Farbe und Farbintensität als achromatischer Aspekt von Farbe selbsterklärend sind, ist dies bei dem Parameter Farbreinheit nicht so einfach nachvollziehbar. Die Farbreinheit (oder besser gesagt die Sättigung) stellt zwar definitiv einen chromatischer Aspekt von Farbe dar, ist aber dennoch irgendwie von dem achromatischen Aspekt von Farbe abhängig (Kelber et al 2003; Lübbe 2011, 2013). Eine weitere Schwierigkeit ist die unsaubere Trennung der Begriffe Sättigung, Chroma, Buntheit usw..

Sinnvoll erscheint aber das Konzept Sättigung und Buntheit als getrennte Parameter zu betrachten. Nach Richter (1981) wird eine „Entsättigung einer […] Farbe […] durch additive Mischung mit gleich hellem Grau" (Richter 1981) erreicht. Die Beimischung von Weiß ändert Helligkeit und Sättigung, eine Beimischung von Schwarz ändert nur die Helligkeit. Während der Vorbereitung der Pigmentmischungen stellte sich heraus, dass genau dieses Prinzip greift und sich in der Berechnung der Farbparameter niederschlägt. Wurde ein neutrales Grau einem farbigen Pigment beigemischt, änderte sich lediglich der Wert der berechneten Farbreinheit (≈ Sättigung). Die Beimischung von weißem Pigment führte zwar zu der gewünschten Änderung des berechneten Wertes der Farbintensität, gleichzeitig aber auch zu einer (unerwünschten) Veränderung des berechneten Wertes für die Farbreinheit. Durch die Beimischung von schwarzem Pigment wurde die berechnete Farbreinheit tatsächlich nur minimal verändert.

Während die Änderung der Sättigung einer Farbe also nur durch die Beimischung von Grau oder Weiß erreicht wird, verändert sich die Buntheit einer Farbe durch die Beimischung von Grau, Weiß oder Schwarz (Richter 1981; Lübbe 2011, 2013).

In der Analyse von Farbpräferenzen wird bisher nicht zwischen Sättigung (≈ Farbreinheit) und Buntheit unterschieden. Dabei erscheint die Idee, dass Bienen bunte Farben stärker präferieren könnten als unbunte Farben, also nach dem Grad der Buntheit (und nicht nach der Farbreinheit) wählen, auf den ersten Blick gar nicht so abwegig. Für zukünftige Arbeiten ist also die getrennte Betrachtung dieser beiden Parameter sinnvoll und es sollte nach einer Möglichkeit gesucht werden, die beiden Parameter zu quantifizieren.

5.9.3. Bewertung des angewandten Versuchsdesigns

In den folgenden Abschnitten wird das Verhalten der getesteten Bienenarten in der Trainingsphase und der Versuchsphase analysiert, um so Rückschlüsse auf die Eignung des Versuchsdesigns schließen zu können. Zudem wird überprüft, wie zielführend die Auswertung der Daten ist.

Verhalten in der Trainingsphase

Zu Beginn der Versuche hatte ich Bedenken, dass sich die Bienen in einer homogenen Umgebung wie der grauen, musterfreien Arena, nicht orientieren können und nicht in der Lage sind den Feeder, der farblich mit dem Hintergrund übereinstimmt, sicher aufzufinden. Von vielen Bienen ist bekannt, dass sie visuelle Hinweise, wie Muster oder Farben (in der Natur in Form von Sträuchern, Bäumen etc.) benötigen, um sich in ihrer Umgebung zu orientieren und um Flugdistanzen abzuschätzen (z.B. Cartwright & Collett 1983; Hrncir et al 2003, Serres et al 2008).

Für die Arbeiterinnen von *Melipona mondury* und *Melipona quadrifasciata* stellte die Orientierung innerhalb der Arena kein Problem dar. Dennoch konnten Unterschiede zwischen den beiden *Melipona*-Arten festgestellt werden. Die Arbeiterinnen von *M. mondury* lernten in der Regel nach einmaligem Ansetzen an den in der Arena platzierten Feeder sich in dieser neuen Umgebung zu orientieren. Bei der ersten Rückkehr zur Arena flogen die Arbeiterinnen sicher bis zur Arena, anschließend in und um die Arena herum bis sie schließlich (meist innerhalb einer Minute und selbstständig) den Feeder wiedergefunden haben. Bereits bei der zweiten und dritten Rückkehr fanden die Arbeiterinnen den Feeder schnell und zuverlässig. Nur in sehr wenigen Fällen war ein zweites Ansetzen einer Arbeiterin an den Feeder notwendig. Nahezu alle der angesetzten Arbeiterinnen kehrten zur Arena zurück. Arbeiterinnen von *M. mondury* benötigten zur Orientierung innerhalb der Arena und auch während der Versuchsphase keine ‚fremden' olfaktorischen Hinweise.

Arbeiterinnen von *M. quadrifasciata* hatten zu Beginn des Trainings größere Schwierigkeiten sich in der Arena zurechtzufinden. Nach dem Ansetzen an den Feeder prägten sich die Arbeiterinnen den Futterplatz zwar ein (erkennbar durch das typische mehrmalige Umkreisen des Futterplatzes), dennoch kamen insgesamt weniger Arbeiterinnen zur Arena zurück. Die

Bienen, die zurückkehrten, hatten große Schwierigkeiten, sich in der Arena zu orientieren und den Feeder aufzufinden. Auch nach erneutem Ansetzen an den Feeder gelang es keiner Biene, bei der folgenden Rückkehr zur Arena den Feeder selbständig aufzufinden. Da insbesondere für Stachellose Bienen bekannt ist, dass sie sich während dem Fouragieren sehr stark an olfaktorischen Hinweisen orientieren, könnte der in der Arena fehlende olfaktorische Stimulus ursächlich für das Verhalten der Biene sein (Lindauer & Kerr 1958; Roubik 1989; Sánchez et al 2011). Durch die Beimischung eines Duftstoffes (Vanillin) zu der als Belohnung verwendeten Saccharose/Wasserlösung konnte tatsächlich eine bessere Auffindung des Feeders innerhalb der Arena erzielt werden. Dennoch benötigen die Arbeiterinnen ca. vier bis fünf Anflüge, um den Feeder aufzufinden. Im Anschluss an diese verlängerte und durch den fremden olfaktorischen Hinweis modifizierte Trainingsphase, sind auch die Arbeiterinnen von *M. quadrifasciata* in der Lage, sich gut in der Arena zu orientieren und dort zu fouragieren.

Die Arbeiterinnen von *Bombus terrestris* hatten sehr große Probleme sich in der Arena zu orientieren und dort zu fouragieren. Bei der Präsentation des grauen Feeders auf grauem Hintergrund war es für die meisten Arbeiterinnen nicht möglich, den Feeder auch nach mehrmaligem direkten Ansetzen an diesen aufzufinden. Lediglich vereinzelte Arbeiterinnen lernten nach ca. zehn bis fünfzehn Trainingseinheiten den grauen Feeder selbstständig zu finden. Um die Trainingsphase etwas kürzer und effizienter zu gestalten, wurde daher eine schwarze Pappe unter den Feeder gelegt, sodass den Hummeln ein Orientierungspunkt innerhalb der Arena gegeben wurde. Mit dieser Methodik war es nun zwar möglich, die Hummeln zu trainieren, dennoch hing der Trainingsverlauf sehr stark vom Individuum ab. Einige Arbeiterinnen benötigten lediglich fünf oder sechs Trainingseinheiten, um sicher in der Arena zu fouragieren, andere Arbeiterinnen waren nach zehn Trainingseinheiten noch nicht in der Lage den Feeder innerhalb der Arena aufzufinden[40]. Dyer et al (2014) konnten diese Unterschiede bezüglich des Lernverhaltens kürzlich in *Apis mellifera* nachweisen und begründen die Ausbildung solcher Unterschiede mit einer optimalen Anpassung an ein sich

---

40 Um auszuschließen, dass das Training einen zu großen Einfluss auf die Testphase hat, wurden für die Tests nur Hummeln, die maximal zehn Trainingseinheiten benötigten, zugelassen.

veränderndes Ressourcenangebot. Sollte die Ausprägung von schnell lernenden und langsam lernenden Individuen innerhalb einer Kolonie tatsächlich einen solchen ökologischen Sinn haben, sollte man in künftigen Studien auch langsam lernende Individuen berücksichtigen, um zu überprüfen, ob diese eventuell andere Farbpräferenzmuster zeigen als schnell lernende Individuen. Eine weitere Problematik, die sich bei dem Training der Hummeln ergab, lag in ihrem Bedürfnis nach oben zu fliegen. In den ersten Trainingseinheiten wurden die Hummeln in direkter Nähe zum Feeder entlassen, sodass sie lediglich einige Zentimeter fliegen müssten, um den Feeder zu erreichen. Dennoch flogen viele der Arbeiterinnen direkt in die obere Hälfte des Netzes, flogen dort einige Zeit umher, landeten in der Nähe einer Lampe und blieben dort sitzen. Es brauchte meist fünf bis sechs Trainingseinheiten, um den Hummeln das Hochfliegen abzutrainieren. Zudem brauchte es weitere zwei bis drei Trainingseinheiten, um den Arbeiterinnen beizubringen, dass sie vom Rand der Arena nach unten zum Boden der Arena fliegen müssen, um dort den Feeder aufzufinden.

Letztendlich stellt sich natürlich die Frage, warum selbst eine sehr schnell lernende *Bombus*-Arbeiterin weitaus größere Probleme hat sich in der Arena zu orientieren als eine sehr langsam lernende *Melipona*-Arbeiterin. Generell wird Stachellosen Bienen ein sehr schnelles und akkurates Lernvermögen zugesprochen, wenn es sich um die Erschließung von Nahrungsressourcen (insbesondere Nektar) handelt (Menzel et al 1989; Sánchez & Vandame 2012). Weiterhin sollte berücksichtigt werden, dass es sich bei den getesteten *Melipona*-Arbeiterinnen um erfahrene Sammlerinnen handelte, die bereits gelernt hatten, in einer komplexen Umgebung effektiv zu fouragieren. Die getesteten *Bombus*-Arbeiterinnen waren blütennaive Tiere, die bisher in einer simplen Umgebung (ihrem Flugkäfig) fouragiert haben. Diese Art der Vorerfahrung könnte auch erklären, warum die Hummeln starke Probleme hatten nach unten in die Arena zu fliegen. Der Flugkäfig ist so gestaltet, dass die Hummeln vom Nest aus durch einen Plexiglasgang laufen müssen und von dort aus nach oben in den Flugkäfig fliegen müssen, um fouragieren zu können. Der Versuchsaufbau verlangte also eine starke Veränderung des Fouragierverhaltens, die nur durch eine lange Trainingsphase erzielt werden konnte.

Ein weiterer wichtiger Aspekt, der insbesondere bei der Durchführung von Versuchen im Freiland berücksichtigt werden sollte, ist die unterschiedliche

Bewertung des optischen Flusses ("optic flow'). Der optische Fluss beschreibt die wahrgenommene Bewegung von Bildern auf der Retina und hilft Bienen bei der Orientierung im Flug (Srinivasan et al 1996; Srinivasan et al 2000). Besonders intensiv wurde die Nutzung des optischen Flusses an der Honigbiene A. mellifera untersucht (z.B. Srinivasan et al 1996; Srinivasan et al 2000; Dacke & Srinivasan 2007). Aus diesen Versuchen ist bekannt, dass die Honigbiene insbesondere die Distanz zwischen zwei Orten mittels optischen Flusses ermittelt (Srinivasan et al 1996; Srinivasan et al 2000). Dabei wertet die Honigbiene lediglich die Information über die gesamte Reiselänge (also wie weit die Honigbiene fliegt) aus und macht keine Unterscheidung zwischen vertikalen und horizontalen Signalen (Dacke & Srinivasan 2007). Die Nutzung des optischen Flusses beschränkt sich bei der Honigbiene also auf zwei Raumdimensionen. Auch für B. terrestris wird diese Nutzungsart des optischen Flusses angenommen. Auch für Stachellose Bienen wurde nachgewiesen, dass sie den optischen Fluss zur Orientierung im Flug nutzen. Allerdings sind sie in der Lage vertikale und horizontale Signale zu unterscheiden und können daher die Flugdistanz und die Flughöhe (!) ermitteln (Hrncir et al 2003; Eckles et al 2012). Die Abschätzung von Distanz und Höhe ist insbesondere für Bienen, die in unterschiedlichen Höhen fouragieren, essentiell. Die erweiterte Nutzung des optischen Flusses und die Vorerfahrung in einer anspruchsvollen Umgebung zu fouragieren, erleichtern den getesteten Melipona-Arbeiterinnen möglicherweise den Umgang mit dem gewählten Versuchsdesign.

Verhalten in der Testphase

Nach dem erfolgreichen Abschluss der Trainingsphase, arbeiteten die Bienen von M. mondury hervorragend mit. Sie arbeiteten bis zu acht Stunden pro Tag zuverlässig mit und benötigten während der gesamten Testdauer keine großen Pausen. Sie flogen sehr schnell und auf direktem Weg vom Nest zur Futterquelle und wieder zurück. Weiterhin hatte ein Großteil der getesteten Arbeiterinnen keine Probleme mit der Umstellung von Trainings- auf Testphase. Lediglich während dem ersten Anflug und der ersten Orientierung in der Arena nach der Umstellung auf die Testphase zeigten die Bienen eine leicht erhöhte Suchzeit. Die Arbeiterinnen von M. quadrifasciata arbeiteten etwas unzuverlässiger. Die Arbeitsdauer der Bienen belief sich lediglich auf ca. drei bis fünf Stunden in deren Anschluss die Bienen trotz weiterhin vorhandener Belohnung nicht mehr zur Arena zurückkehrten. Zudem waren die Arbeiterinnen langsamer als *M. mondury* und benötigten auch während der kurzen Arbeitsdauer von drei bis vier Stunden einige mehrminütige Pausen. Ein weiterer Aspekt, der die Arbeit mit *M. quadrifasciata* erschwerte, waren die Probleme beim Wechsel von Trainings- auf Testphase. Während bei *M. mondury* direkt von Trainings- auf Testphase umgestellt werden konnte (also Entfernung des Feeders & Präsentation der ersten Versuchslinie), musste bei der Arbeit mit *M. quadrifasciata* eine Übergangsphase eingehalten werden. Nach Abschluss der Trainingsphase wurde die Arena gesäubert, die Versuchslinie aufgebaut, zusätzlich aber auch der Feeder in der Arena platziert. Diese Übergangsphase wurde den Arbeiterinnen für maximal zweimaliges Zurückkehren zur Arena angeboten. Anschließend wurde der Feeder entfernt und die Testphase begann. Bei einem direkten Wechsel von Trainings- zu Testphase konnten die Arbeiterinnen keinen Zusammenhang zwischen weiter fortbestehender Belohnung und angebotenen Farbstimuli erkennen und brachen ihren Suchvorgang in und um die Arena nach einigen Minuten ab. Der notwendige Einschub der Übergangsphase deutet darauf hin, dass *M. quadrifasciata* im Gegensatz zu *M. mondury* leichte Schwierigkeiten hat auf spontane Veränderungen in der Umgebung zu reagieren.

Auch *B. terrestris* benötigte, wie auch *M. quadrifasciata,* eine Übergangsphase zwischen Trainings- und Testphase. Im Anschluss an die Übergangsphase hatte aber keine der Arbeiterinnen Probleme, weder bei der Orientierung und Wahl eines Stimulus innerhalb einer Versuchslinie, noch bei dem Wechsel zwischen zwei Versuchslinien (beispielweise dem Wechsel von Gelb nach Ultramarinblau).

Die Gestaltung der Testphase scheint für die getesteten Bienen also geeignet zu sein. Da das Ziel der Arbeit in der Untersuchung des Einflusses einzelner Farbparameter auf das Fouragierverhalten der Bienen liegt und sich die genutzten Farbstimuli nur geringfügig voneinander unterscheiden, wurde bei der Präsentation der Stimuli darauf geachtet, dass diese möglichst optimal auf die Farbdiskriminierungsmöglichkeiten der Bienen abgestimmt sind.

So wurden Höhe der Arena und Größe der Farbstimuli so gewählt, dass die Bienen die Stimuli erst sehen konnten, wenn der Sehwinkel ausreichend groß war, um die Stimuli farbig zu sehen (Giurfa et al 1997; Dyer et al 2008).

Zudem wurden die Stimuli so präsentiert, dass die Wahrnehmung der Stimuli durch die Augenregionen erfolgen konnte, die zur Farbdiskriminierung fähig sind (frontales, ventrales und laterales visuelles Feld) (Lehrer 1998). Auch wenn die Präsentation der Stimuli (bzw. des Feeders) auf dem Boden der Arena insbesondere B. terrestris zu Beginn der Trainingsphase Schwierigkeiten bezüglich der Orientierung machte, ist diese Art der Präsentation dennoch sinnvoll, da die Fähigkeit zur Farbdiskriminierung in der unteren Hälfte des Auges besser ausgebildet ist als in der oberen Hälfte (Lehrer 1998) und so das Farbdiskriminierungsvermögen der Bienen optimal genutzt werden kann. Auch die Entscheidung für die simultane Präsentation der Stimuli erscheint unter dem Aspekt, dass Bienen bei der simultanen Präsentation von Stimuli ein besseres Farbdiskriminierungsvermögen aufweisen (Dyer & Neumeyer 2005) für die das Erreichen der Zielsetzung dieser Arbeit sinnvoll.

Bewertung des gewählten Datenpools

Die durchgeführten Versuche umfassen eine Sequenz von 16 bzw. 12 Anflügen pro Versuchslinie (16 Anflüge in den Tests mit M. quadrifasciata und M. mondury; 12 Anflüge in den Tests mit B. terrestris). Für die Auswertung wurden alle Anflüge einbezogen. Alternativ hätte auch lediglich die erste Wahl einer Biene berücksichtigt werden können. Es stellt sich also die Frage, welche Auswahl des Datenpools am sinnvollsten ist. Gegen die Nutzung aller Daten und für die Auswertung der ersten Wahl spricht das Argument, dass bei der Bewertung aller Anflüge möglicherweise keine Farbpräferenz sondern ein Lerneffekt erfasst wird. Gegen die Auswertung der ersten Wahl spricht das Argument, dass so möglicherweise nur eine zufällige Entscheidung, die nicht zwangsläufig auf einer Farbpräferenz beruhen muss, erfasst wird. Die exemplarische Auswertung der beiden Datenpools („alle Wahlen" und „erste Wahl"; Abb. 47; S. 112) zeigt, dass tatsächlich unterschiedliche Ergebnisse erzielt werden können, je nachdem welcher Datenpool gewählt wird. Es ist daher sehr schwierig, eine klare Aussage darüber zu treffen, welcher Datenpool nun der ‚Richtige' ist. Allerdings gibt es einige Faktoren, die für die Auswertung aller Anflüge und die Annahme, dass es sich bei der ersten Wahl um eine Zufallswahl handelt, sprechen. Betrachtet man die Anflugsequenzen der getesteten Bienen, wird deutlich, dass die Bienen sich nicht direkt nach der ersten Wahl eines Stimulus auf diesen festlegen, sondern während der gesamten Sequenz von 16 bzw. 12 Anflügen eine gewisse

Flexibilität in ihren Wahlen aufweisen. Betrachtet man die Wahlen der Bienen, wenn diese nach dem dritten möglichen Datenpool („bevorzugte Wahl"; Abb. 47; S. 112) ausgewertet werden, entsprechen sie tendenziell den Wahlen, die mit dem Datenpool ‚alle Wahlen' ermittelt werden können. Aus beiden genannten Aspekten lässt sich ableiten, dass die Berücksichtigung aller Wahlen, wie sie in der vorliegenden Arbeit verwendet wurde, durchaus berechtigt und sinnvoll ist.

5.9.4. Umgang mit olfaktorischen Hinweisen

Es gibt eine Reihe von Studien, die sich mit der Orientierung an olfaktorischen Hinweisen bei Stachellosen Bienen beschäftigen (z.B. Lindauer & Kerr 1958; Schmidt et al 2003; Aguilar et al 2005; Barth et al 2008; Sánchez et al 2011). In vielen Fällen wird dabei die Nutzung von olfaktorischen Hinweisen als Kommunikationsmittel zwischen verschiedenen Individuen und die Effektivität dieser Rekrutierungsmechanismen untersucht. Dabei konnten zwei grundlegende Mechanismen der aktiven olfaktorischen Markierung ermittelt werden: a) Das Legen eines mehr oder weniger detaillierten Duftpfades (‚scent trail'), der in unmittelbarer Nähe des Nests beginnt und bis zur Futterquelle führt und b) Das Markieren der Futterquelle mittels Duftmarke (‚scent mark') (Lindauer & Kerr 1958; Nieh 2004). Für die meisten *Melipona*-Arten konnte nachgewiesen werden, dass sie auf das Legen kompletter Duftpfade verzichten, die Futterquelle aber aktiv durch Duftmarken markieren (Lindauer & Kerr 1958; Hrncir et al 2000). Wie bereits erwähnt, sind diese olfaktorischen Hinweise insbesondere hinsichtlich ihrer attraktiven Wirkung auf andere Individuen des gleichen Volkes oder hinsichtlich ihrer attraktiven oder repellenten Wirkung auf artfremde Bienen untersucht worden (Schmidt et al 2003; Biesmeijer & Slaa 2004; Hrncir et al 2004; Nieh et al 2004). Ob sich einzelne Arbeiterinnen an ihren eigenen olfaktorischen Markierungen orientieren, ist wissenschaftlich nicht belegt. Aus den Beobachtungen während der Versuche mit den Stachellosen Bienen drängt sich der Verdacht auf, dass Arbeiterinnen sich auch an den eigenen olfaktorischen Hinweisen orientieren. Daher soll hier kurz auf die bekannten Strategien zur Markierung von Futterquellen mittels Duftmarken und deren Bewertung eingegangen werden, um den Einfluss olfaktorischer Hinweise auf die gezeigten Präferenzen aufzuklären. Bekannt ist, dass Bienen ihre Duftmarke nicht direkt auf der Futterquelle, sondern lediglich in der Nähe der Futterquelle hinterlassen

(Nieh 1998; Hrncir et al 2004). Je nach Quelle werden für die Wirkung einer Duftmarke eine Reichweite zwischen einem und zwölf Metern und eine Halt- barkeit von ca. zwei Stunden angegeben (Nieh 1998; Hrncir et al 2004). Als mögliche Sekrete, die zur olfaktorischen Orientierung dienen, werden Labial- oder Mandibularsekrete (Barth et al 2008), Tarsalsekrete (Hrncir et al 2004) oder Analtröpfchen (Aguilar & Sommeijer 2001) genannt, wobei die Wirkung von Analtröpfchen umstritten ist.

Bei den untersuchten Bienen konnte keine Markierung der Futterquelle (oder deren unmittelbare Nähe) durch die Absonderung von Mandibular- oder La- bialsekret beobachtet werden. Für *M. quadrifasciata* konnte auch experimen- tell nachgewiesen werden, dass diese Art keine Mandibularsekrete zur Mar- kierung der Futterquelle verwendet (Lichtenberg et al 2009). Die Absonde- rung von Analtröpfchen konnte bei *M. mondury* und *M. quadrifasciata* beo- bachtet werden, wobei die dabei gezeigte Verhaltenssequenz exakt der in der Literatur beschriebenen Verhaltenssequenz entsprach (Nieh 1998; Aguilar & Sommeijer 2001). Nach dem Trinken entfernte sich die Arbeiterin vom besuchten Farbstimulus, drehte sich einige Male um sich selbst und be- gann anschließend damit, sich zu putzen. Nach einiger Zeit ,wackelte' die Arbeiterin mit dem Abdomen, sonderte einen Tropfen klarer Flüssigkeit ab und verließ abschließend die Arena. Die Funktion dieser Tröpfchen scheint nicht vollkommen geklärt zu sein. Während manche Autoren davon ausge- hen, dass Analtröpfen nicht als olfaktorische Hinweise genutzt werden kön- nen (Nieh 1998; Hrncir et al 2004), gehen andere Autoren davon aus, dass sie zwar nicht attraktiv auf Nestgenossen wirken, durchaus aber der eigenen Orientierung dienen können (Aguilar & Sommeijer 2001). Auch wenn die Arena regelmäßig mit Ethanol ausgewaschen wurde und die Farbstimuli so- wie die Belohnungsbehälter ausgetauscht wurden, ist es möglich, dass wäh- rend einer Versuchslinie Analtröpfchen hinterlassen wurden. Berücksichtigt man aber die Tatsache, dass diese Tröpfchen nicht direkt an der Futter- quelle, sondern in einiger Entfernung (im Versuch bis zu ca. 30 cm vom be- suchten Stimulus entfernt) abgesondert werden und eine Reichweite von mindestens einem Meter aufweisen, dürften sie die Ergebnisse nicht beein- flusst haben. Es kann zwar davon ausgegangen werden, dass die olfaktori- schen Hinweise durch die Arbeiterinnen wahrgenommen werden können, nicht aber einem bestimmten Farbstimulus zugeordnet und so mit diesem assoziiert werden können.

Neben der aktiven Markierung mit Duftstoffen können auch passive olfaktorische Hinweise hinterlassen werden. Dieses Phänomen ist besonders gut bei Hummeln, die über keine aktiven Markierungstrategien verfügen, untersucht worden (z.B. Witjes & Eltz 2007; Wilms & Eltz 2008). Bei diesen sogenannten olfaktorischen Fußabrücken ('olfactory footprints') handelt es sich um kutikuläre Kohlenwasserstoffe, die die Hummeln über die Tarsen auf die Blüte überträgt (Wilms & Eltz 2008). Während diese Fußabdrücke im Freiland als repellente Hinweise gewertet werden und Blüten, die durch einen olfaktorischen Fußabdruck markiert sind, nicht erneut von einer Hummel besucht werden, werden olfaktorische Fußabdrücke von Hummeln, die im Labor gehalten werden und in Flugkäfigen fouragieren, als attraktiver Hinweis gewertet (Witjes & Eltz 2007). Auch in der Versuchsreihe, in der die Farbpräferenzen von *B. terrestris* untersucht wurde, wurden Arena, Farbstimuli und Belohnungsbehälter regelmäßig gereinigt, um den Einfluss olfaktorischer Hinweise möglichst zu reduzieren. Ein kompletter Ausschluss der Orientierung an olfaktorischen Fußabdrücken kann nicht gewährleistet werden. Hierzu müsste der Reinigungsvorgang nach jedem einzelnen Anflug durchgeführt werden.

5.10. Einfluss von ökologischen Faktoren auf das Wahlverhalten

In diesem Abschnitt soll das Verhalten der beiden *Melipona*-Arten, die unter Freilandbedingungen getestet wurden, in Bezug auf ökologische Faktoren wie Volkgröße und Umweltfaktoren diskutiert werden. Wie bereits erwähnt, zeigen beide Arten ein unterschiedliches Verhalten bezüglich ihrer Mitarbeit (Zuverlässigkeit, Arbeitsmotivation und Arbeitsdauer), die möglicherweise durch oben genannte Faktoren bedingt sein könnte.

Insbesondere bezüglich sich verändernder Wetterbedingungen zeigen die getesteten Arten unterschiedliche Empfindlichkeit. Während Arbeiterinnen von *M. mondury* auch bei niedrigen Temperaturen, leichtem Wind und Regen fouragieren, pausieren Arbeiterinnen von *M. quadrifasciata* bei solchen Wetterbedingungen und setzen ihre Arbeit erst bei aufklärenden Wetterverhältnissen wieder fort. Auch in der Literatur werden solche artabhängigen Unterschiede im Fouragierverhalten beschrieben. Als Ursachen wird eine Limitierung durch klimatische Faktoren wie Lichtintensität, Wind, Temperatur und Luftfeuchtigkeit genannt (Inoue et al 1985; de Bruijn & Sommeijer 1997). Wann welche Limitierung greift, hängt überwiegend von der anatomischen

Ausstattung der Bienen (Körpergröße, Behaarung und Körperfarbe) ab (de Bruijn & Sommeijer 1997; Fidalgo & Kleinert 2007; Fidalgo & Kleinert 2010). So ist es behaarten und großen Bienen wie *M. mondury* möglich, auch bei geringen Temperaturen und geringer Lichtintensität zu fouragieren (Pereboom & Biesmeijer 2003; Fidalgo & Kleinert 2007; Fidalgo & Kleinert 2010).

Ein weiterer Faktor, der das Fouragierverhalten und somit möglicherweise auch die Farbpräferenzen von Stachellosen Bienen beeinflussen kann, ist die Koloniegröße. *M. mondury* Kolonien umfassen bis zu über 1000 Individuen, wohingegen die Kolonien von *M. quadrifasciata* zwischen 300 und 500 Arbeiterinnen umfassen (Melo 2013). Die daraus resultierenden Ansprüche an die Arbeiterinnen als Individuum und als Funktionseinheit sind unterschiedlich. Für *M. quadrifasciata* fällt der Arbeiterin als Individuum eine größere Bedeutung zu, da Verluste oder eine geringe Fourgiereffizienz einzelner Arbeiterinnen bei einer geringeren Koloniegröße schwer wiegt. Die Bedeutung als effiziente Funktionseinheit nimmt möglicherweise eine untergeordnete Rolle ein. Möglicherweise sind *M. quadrifasciata* Arbeiterinnen verstärkt auf eine exakte Beurteilung der Futterquelle angewiesen, um effizient zu fouragieren und so einen höhere Kosten/Nutzen-Effizienz zu entwickeln. Für *M. mondury* gilt möglicherweise ein reziproker Zusammenhang: eine Arbeiterin als Individuum hat keine tragende Rolle, wohingegen Arbeiterinnen als effiziente Funktionseinheit von großer Bedeutung für die Entwicklung des Volkes sind. Die höhere Fouragierdynamik (erhöhte Flexibilität und Anpassung, starkes Rekrutieren durch intensive Nutzung von olfaktorischen Hinweisen und lange Fouragierdauer) ermöglicht eventuell eine effizientere Versorgung des Nests.

5.11. Überlegungen zur Wirksamkeit von Pigmenten als ehrliches Blütensignal

Ein alternativer Ansatz die gezeigten Präferenzen zu interpretieren, bietet das Konzept der sogenannten ehrlichen Blütensignale. Allgemein werden Hinweise, die in ihrer Ausprägung mit einem anderen Merkmal positiv korrelieren, als ehrliche Signale bezeichnet. Vorteil ehrlicher Signale ist, dass die Empfänger der Signale, diese auch als ehrliche Signale zu deuten wissen und auf diese Signale vertrauen. Ein Nachteil der Ausprägung von ehrlichen Signalen ist die Kostspieligkeit ihrer Herstellung. Je stärker dieses Signal ausgeprägt ist, desto mehr Kosten entstehen für den Signalgeber, da nicht nur Kosten für die Herstellung des Signals, sondern auch Kosten für das korrelierende Merkmal entstehen.

Die Existenz von ehrlichen Signalen konnte bereits mehrfach nachgewiesen werden. Gut untersucht sind die Zusammenhänge zwischen Gefiederfärbung von Vögeln und ihrer individuellen Fitness (z.B. Keyser & Hill 2000; Saks et al 2003; Velando et al 2006; Pérez-Rodríguez & Viñuela 2008). So gilt die Intensität der Blaufärbung des Gefieders von Azurbischofmännchen als ehrliches Signal für ihre ‚Qualität' (Keyser & Hill 2000). Auch die Färbung der Füße von Blaufußtölpeln gilt als ehrliches Signal, denn sie hängt unmittelbar von der Ernährung der Vögel ab und lässt Rückschlüsse auf die aktuellen Lebensbedingungen zu (Velando et al 2006). Ehrliche Signale können also nicht nur den direkten Zusammenhang zwischen zwei Merkmalen repräsentieren, sondern beinhalten auch eine zeitliche Komponente. Deutlich wird dies am Beispiel des Rothuhns (Pérez-Rodríguez & Viñuela 2008). Hier indiziert der Grad der Gelb- bzw. Orangefärbung von Schnabel und Augenringen den Gesundheitszustand des Vogels. Die Färbung wird durch Carotinoide, die über die Nahrung aufgenommen werden müssen, verursacht. Die Einlagerung in die Strukturen verläuft unterschiedlich schnell. So findet in den fleischigen Strukturen, also den Augenringen, eine zügige Intensivierung der Färbung bei vermehrter Carotinoidaufnahme statt. In den keratinisierten Strukturen, wie dem Schnabel, dauert die Änderung der Färbung in Abhängigkeit von der Carotinoidaufnahme länger (Pérez-Rodríguez & Viñuela 2008). Es lassen sich also Rückschlüsse auf den Zeitpunkt und den Zeitraum der Carotinoidaufnahme ziehen. Neben dem Aspekt der Bewertung des Gesundheitszustandes eines potentiellen Partners, können auch Nahrungsquellen mittels ehrlichen Signalen bewertet werden. Ein Beispiel hierfür ist die Färbung von Früchten, die als ehrliches Signal den Nährstoffgehalt dieser Früchte wiederspiegelt (Schaefer & Schmidt 2004). Die Färbung dieser Früchte hängt vom Pigmentgehalt (meist dem Anthocyangehalt) ab. Folglich kann auch der Pigmentgehalt einer Struktur als ehrliches Signal für eine Belohnung gewertet werden (Schaefer et al 2008a; 2008b). In all den genannten Beispielen wirkt die Färbung von Körperstrukturen oder Pflanzenstrukturen mittels Einlagerung von Pigmenten als ehrliches Signal.

Viele Blüten halten ihre Belohnung in Form von Nektar oder Pollen versteckt und investieren in die kostenintensive ‚Werbung' um einen potentiellen Bestäuber (Galen 2000; Armbruster et al 2005). Eine Form dieser Werbung ist die Blütenfärbung, die als ehrliches Signal für die Nektarbelohnung fungieren kann (Giurfa et al 1995). Da auch die Blütenfärbung überwiegend durch die Pigmentkonzentration in den Blütenblättern bedingt wird, besteht die Vermutung, dass die Pigmentkonzentration als ehrliches Signal für eine Belohnung fungiert. Versuche von Papiorek et al (2013) indizieren, dass Blüten mit einer mittleren Pigmentkonzentration attraktiver auf Bienen wirken als Blüten mit geringer Pigmentkonzentration. Blüten mit einer sehr hohen, möglicherweise unnatürlich hohen, Pigmentkonzentration werden allerdings nicht von den untersuchten Bienen präferiert. Der Zugewinn an Attraktivität wird mit der zunehmenden spektralen Reinheit und dem zunehmenden Farbkontrast, die die Erhöhung der Pigmentkonzentration bis zu einer gewissen Grenzkonzentration mit sich bringt, begründet (Papiorek et al 2013). Bei hohen Pigmentkonzentrationen nehmen spektrale Reinheit und Farbkontrast wieder ab. Dies erklärt, warum Blüten mit mittlerer Pigmentkonzentration stärker präferiert werden als Blüten mit hoher Pigmentkonzentration (Papiorek et al 2013).

Neben den beiden Parametern spektrale Reinheit und Farbkontrast ändert sich mit zunehmender Pigmentkonzentration aber auch die Intensität der Blütenfärbung. So wirken Blüten mit einer geringen Pigmentkonzentration heller als Blüten mit einer hohen Pigmentkonzentration. Betrachtet man nun die gezeigten Präferenzen der Bienen (insbesondere die der erfahrenen *Melipona*-Arbeiterinnen) stellt man fest, dass diese dunkle, blaue Blüten und helle, gelbe Blüten präferieren. Vergleicht man nun die Reflexionskurven der bei Papiorek et al (2013) präferierten Stimuli (Anilinblau-Konzentration von 2,5 g/l und 6g/l) mit den Reflexionskurven der in dieser Arbeit gewählten Stimuli aus der ersten und zweiten Versuchslinie (Himmelblau und Ultramarinblau) stellt man fest, dass die maximale Reflexion der präferierten Stimuli beider Arbeiten innerhalb bestimmter Reflexionsgrenzen liegt (Abb. 51a). Die Grenzwerte (graue, gestrichelte Linie in Abb. 51a) wurden hier anhand der Ergebnisse von Papiorek et al (2013) festgelegt und orientieren sich an der maximalen Reflexion der Stimuli, die zwar eine ähnliche Pigmentkonzentration, wie die präferierten Stimuli aufweisen, aber eben nicht mehr präferiert wurden. Folgendes Beispiel soll dies verdeutlichen: Stimuli, die eine Anilin-blau-Konzentration von 2,5 g/l aufwiesen, wurden stark präferiert, die nächst schwächere Anilinblau-Konzentration von 1 g/l wurde in den Versuchen nicht präferiert. Der obere Grenzwert (bei ca. 0,55 relativer Reflexion) wurde also bei der maximalen Reflexion des Stimulus mit einer Pigmentkonzentration von 1 g/l gezogen (Abb. 51a). Für die untere Grenze wurde ebenso verfahren. Stimuli mit der Pigmentkonzentration von 6 g/l wurden präferiert, die nächst höhere Konzentration von 10 g/l wurde weniger stark präferiert. Somit wird der untere Grenzwert (bei ca. 0,1 relativer Reflexion) bei der maximalen Reflexion des Stimulus mit einer Anilinblau Konzentration von 10 g/l festgelegt. Sinn der Absteckung dieser Grenzwerte ist der Versuch so Rückschlüsse auf die Intensität der in Papiorek et al (2013) verwendeten Stimuli zu ziehen und die in dieser Arbeit verwendeten Stimuli in die Überlegungen, dass die Pigmentkonzentration als ehrliches Signal für Belohnungen dient, einzubeziehen.

Die in dieser Arbeit präferierten Stimuli der blauen Versuchslinien (Himmel-blau: I*/R** und Ultramarinblau: I**/R*** und I*/R**) liegen alle innerhalb des generierten Intensitätsfensters. Geht man nun davon aus, dass man anhand der Intensität Rückschlüsse auf die Pigmentkonzentration ziehen kann, sug-gerieren die in dieser Arbeit verwendeten Attrappen eine mittlere Pigment-konzentration, die in den Versuchen von Papiorek et al (2013) als attraktiv bewertet wurde.

Ähnlich sieht dies für die gelben Stimuli aus (Abb. 51b). Auch Papiorek et al (2013) testeten die Attraktivität von gelben Stimuli, die eine variierende Acri-dinorange-Konzentration aufwiesen, und stellten fest, dass ebenfalls eine mittlere Pigmentkonzentration (1g/l und 5 g/l) präferiert wurde. Die Grenz-werte des Intensitätsfensters wurden, wie bereits in bei den blauen Stimuli beschrieben, generiert, allerdings wurde hier auf die maximale Reflexion im ultravioletten Wellenlängenbereich geachtet (nicht auf die Reflexion im gel-ben Bereich). Die präferierten gelben Stimuli dieser Arbeit (I***/R*** und I**/R***) liegen innerhalb der generierten Grenzwerte und weisen möglicher-weise eine ähnliche Intensität, wie die in Papiorek et al (2013) verwendeten Stimuli, auf. Überträgt man abermals die Annahme, dass die Intensität mit der Pigmentkonzentration korreliert auf die in dieser Arbeit verwendeten Sti-muli, weisen die präferierten Stimuli eine mittlere Pigmentkonzentration auf.

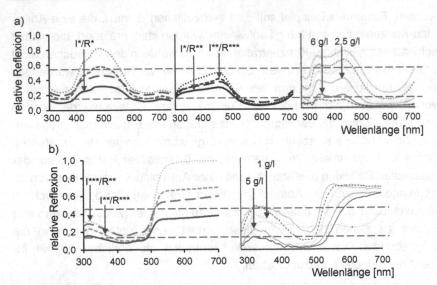

Abb. 51: Vergleich der Reflexionskurven der in Papiorek et al (2013) und den in dieser Arbeit verwendeten Stimuli unter Berücksichtigung der maximalen Reflexion. In Abbildungsteil a) werden die blauen Stimuli miteinander verglichen. Sowohl die in der vorliegenden Arbeit präferierten Stimuli als auch die in Papiorek et al (2013) präferierten Stimuli liegen innerhalb des gewählten Intensitätsfensters (Erklärung hierzu im Text). b) Vergleich der gelben Stimuli. Auch hier liegen alle präferierten Stimuli beider Arbeiten innerhalb der Grenzwerte. Präferierte Stimuli sind durch einen roten Pfeil gekennzeichnet. Die grauen gestrichelten Linien repräsentieren die festgelegten Grenzwerte (Teile der Grafik nach Papiorek et al 2013).

Bei dieser Überlegung gilt es aber zu berücksichtigen, dass auch einige weniger stark präferierte Stimuli (z.B. Himmelblau I**/R*) innerhalb des Fensters liegen und nach der oben aufgestellten Annahme ebenfalls eine mittlere Pigmentkonzentration aufweisen müssten und somit präferiert werden sollten. Denkbar wäre aber auch hier, dass eben nicht ein einzelner Parameter das Präferenzmuster determiniert, sondern die ‚richtige' Kombination zwischen den Parametern Farbreinheit und Farbintensität gegeben sein muss, um einen attraktiven Stimulus für eine Biene auszuprägen.

Eine weitergehende Überlegung beschäftigt sich mit der Frage, warum die hohen Pigmentkonzentrationen in Papiorek et al (2013) nicht mehr als attraktiv bewertet werden und ob dies bei der Fortsetzung der hier beschriebenen Versuche (z.B. der Einsatz von noch dunkleren blauen Attrappen) zu berücksichtigen ist. Ein möglicher Ansatz besteht darin, dass die angebotenen

Pigmentkonzentration stets höher sind als die natürlich vorkommenden Blütenpigmentkonzentrationen und der Biene somit vollkommen unbekannt sind. Es stellt sich daher insbesondere die Frage, ob eine sehr hohe, unnatürliche Pigmentkonzentration immer noch ein ehrliches Signal wiederspiegelt, welches von den Bienen trotz Unnatürlichkeit als solche wahrgenommen werden kann, oder durch diese Unnatürlichkeit die Ehrlichkeit verliert. Es sollte daher überlegt werden, wie sinnvoll die Einlagerung von sehr hohen Pigmentkonzentrationen und die Produktion einer positiv korrelierenden Belohnungsmenge ist. Dies wäre nämlich nur dann sinnvoll, wenn Bienen dieses unbekannte, aber dennoch ehrliche Signal als solches erkennen. Alternativ könnte es auch sinnvoll sein, Blütensignale auszubilden, die zwar noch als ehrlich erkannt werden, aber weniger ‚stark' ausgebildet sind (beispielsweise in Form einer mittleren Pigmentkonzentration, obwohl theoretisch eine hohe Pigmentkonzentration möglich wäre), um Ressourcen zu sparen. Sinn von ehrlichen Blütensignalen ist deren attraktive Wirkung auf naive Blütenbesucher und die Förderung des Lernverhaltens von erfahrenen Bestäubern (Belsare et al 2009). Belsare et al 2009 zeigten mit Hilfe eines mathematischen Modells, dass sich der Kostenaufwand für die Ausbildung ehrlicher Blütensignale lohnt, da sich die Präsentation von ehrlichen Blütensignalen in einer optimal erhöhten Besucherfrequenz und somit auch in einem erhöhter Reproduktionserfolg niederschlägt. Demnach ist die Ausprägung von ehrlichen Blütensignalen plausibel nachvollziehbar, doch stellt sich nach wie vor die Frage, wieviel Ehrlichkeit ausreicht, damit die Blüte, die Vorteile ehrlicher Signale nutzen kann. Ursächlich für diese Überlegung ist der hohe Kostenaufwand für die Ausbildung solcher ‚Werbemittel'. Die Bildung von Pigmenten für die Einlagerung in Blütenstrukturen wie auch die Bildung von Nektar als Belohnung benötigen viele Ressourcen, die die Pflanze an anderer Stelle einsparen muss. Je mehr Pigmente eingelagert werden und je mehr Nektar produziert werden muss, um die Ehrlichkeit des Signals aufrecht zu erhalten, desto höher ist der Kostenaufwand. Wo genau das Optimum zwischen Kosten für die Pigment- und Nektarproduktion und Nutzen aus gesteigerter Attraktivität durch vermehrte Pigmenteinlagerung erreicht wird, ist bisher unbekannt. Möglicherweise liegt dieses Optimum bei einer nicht maximal möglichen Pigmentkonzentration, die ausreichend ist, um attraktiv auf potentielle Bestäuber zu wirken und einen ausreichenden Reproduktionserfolg zu erzielen. So könnten evolutionärer Prozesse stattgefunden haben, bei denen sich der effektive Kosten/Nutzen-Effekt bei einer mittleren Pigmentkonzentration eingependelt hat. Hohe Pigmentkonzentrationen könnten daher zwar durchaus ein ehrliches Signal darstellen, könnten aber möglicherweise aufgrund von fehlender Erfahrung der Biene, nicht als solches identifiziert und somit nicht als attraktiv bewertet werden. Bei weiteren Untersuchungen sollte berücksichtigt werden, dass zwar eine hohe Pigmentkonzentration, also auch dunkle Stimuli, als attraktiv bewertet werden können, zu hohe Pigmentkonzentrationen, also zu dunkle Stimuli, aufgrund ihrer Unnatürlichkeit, möglicherweise nicht als attraktiv bewertet werden, selbst dann, wenn sie ein ehrliches Signal wiederspiegeln.

5.12. Resümee

Die gezeigten Farbpräferenzmuster aller drei getesteten Bienenarten sind sehr komplex und scheinen durch eine Kombination aus den Parametern Farbreinheit und Farbintensität bestimmt zu werden. Die Art der Kombination dieser Parameter scheint von der vorherrschenden Wellenlänge der Farbstimuli abzuhängen (Schaubild zur Erklärung der Präferenzen bei Stachellosen Bienen). So werden blaue Farben anscheinend anders bewertet als gelbe Farben. Die potentiellen Erklärungen für die gezeigten Farbpräferenzen sind an keiner Stelle konstant. Einige Aspekte können mit der Vorerfahrung der Bienen erklärt werden (Präferenz für bestimmte vorherrschende Wellenlänge(?), abweichendes Verhalten in Abhängigkeit vom gewählten Hintergrund). Andere Ergebnisse deuten darauf hin, dass die Detektierbarkeit der Farbstimuli entscheidend ist (Präferenz für UV-reflektierendes Weiß). An anderen Stellen bietet das Versuchsdesign eine Erklärung für bestimmte Verhaltensweisen (Problematik beim Training, Übergang zur Testphase). Die genannten Erklärungsversuche sind also sehr vorsichtig zu betrachten, da sie lediglich Teilaspekte der Präferenzen, nie aber das gesamte Präferenzmuster einer Bienenart, geschweige denn die gezeigten Präferenzen aller drei getesteten Arten ausreichend begründen. Insgesamt deuten die Ergebnisse aber darauf hin, dass das gesamte System sehr flexibel und vielschichtig aufgebaut zu sein scheint und nicht nur durch anatomische und neuronale Ausstattung der Biene, sondern auch durch ökologische Aspekte, wie unterschiedliche Fouragierstrategien in Abhängigkeit von der Volkgröße, und Umweltfaktoren, wie Temperatur, Lichtintensität und relativer Luftfeuchtigkeit, beeinflusst wird.

Literaturverzeichnis

Amano K, Nemoto T, Heard TA (2000) What are stingless bees, and why and how to use them as crop pollinators? – a review. JARQ 34:183-190.

Aguilar I, Sommeijer M (1996) Communication in stingless bees: Are the anal substances deposited by *Melipona favosa* scent marks? Proc Exp Appl Entomol, NEV Amsterdam 7:56–63.

Aguilar I, Fonseca A, Biesmeijer JC (2005) Recruitment and communication of food source location in three species of stingless bees (Hymenoptera, Apidae, Meliponini). Apidologie 36:313-324.

Aguilar I, Sommeijer M (2001) The deposition of anal excretions by *Melipona favosa* foragers (Apidae: Meliponinae): behavioural observations concerning the location of food sources. Apidologie 32:37-48.

Armbruster WS, Antonsen L, Pélabon C (2005) Phenotypic selection on *Dalechampia* blossoms: honest signaling affects pollination success. Ecology 86:3323-3333.

Avarguès-Weber A, Mota T, Giurfa M (2012) New vistas in honey bee vision. Apidologie 43:244-268.

Bachmann U, Bernhardt M (2011) Farbe und Licht Kompendium. Niggli AG Sulgen, Zürich.

Backhaus W (1991) Color opponent coding in the visual system of the honeybee. Vision Res 31:1381-1397.

Backhaus W (1992) The Bezold-Brücke effect in the color vision system of the honeybee. Vision Res 32:1425-1431.

Barth FG, Hrncir M, Jarau S (2008) Signals and cues in the recruitment behaviour of stingless bees (Meliponini). J Comp Physiol A 194:313-327.

Batra SWT (1995) Bees and pollination in our changing environment. Apidologie 26:361-370.

Belsare PV, Sriram B, Watve MG (2009) The co-optimization of floral display and nectar reward. J Biosci 34:963-967.

Beyerer J, Puente León F, Frese C (2012) Automatische Sichtprüfung - Grundlagen, Methoden und Praxis der Bildgewinnung und Bildauswertung. Springer, Berlin, Heidelberg.

Biesmeijer JC, Slaa EJ (2004) Information flow and organization of stingless bee foraging. Apidologie 35:143-157.

Böhringer J, Bühler P, Schlaich P (2011) Kompendium der Mediengestaltung. Produktion und Technik für Digital- und Printmedien. Springer, Berlin, Heidelberg.

Bowmarker JK, Dartnall HJA (1980) Visual pigments of rods and cones in a human retina. J. Physiol 298:501-511.

Boyd-Gerny S (2010) Hymenopteran visual perception and flower colour evolution in Australia. Bachelor-Thesis an der School of Biology Sciences, Monash University.

Brümmer H (2003) Einige Grundbegriffe der Farbenlehre, der Farbensysteme und des Farbmanagements.   http://www.hansbruemmer.de/tl_files/pdf-ordner/farb_manag.pdf (letzter Zugriff: 22.04.2014).

Bruice PY (2007) Organische Chemie. Pearson Studium, München.

Cartwright BA, Collett TS (1983) Landmark learning in bees. J Comp Physiol A 151:521-543.

Chittka L (1992) The colour hexagon: a chromaticity diagram based on photoreceptor excitations as a generalized representation of colour opponency. J Comp Physiol A 170:533-543.

Chittka L, Menzel R (1992) The evolutionary adaption of flower colours and the insect pollinators' colour vision. J Comp Physiol A 171:171-181.

Chittka L, Beier W, Hertel H et al (1992) Opponent colour coding is a universal strategy to evaluate the photoreceptor inputs in Hymenoptera. J Comp Physiol A 170:545-563.

Chittka L (1994) Ultraviolet as a component of flower reflections, and the colour perception of Hymenoptera. Vision Res 34:1489-1508.

Chittka L, Shimda A, Toje N et al (1994) Ultraviolet as a component of flower reflections, and the colour perception of Hymenoptera. Vision Res 34:1489-1508.

Chittka L (1996) Does bee color vision predate the evolution of flower color? Naturwissenschaften 83:136-138.

Chittka L (1999) Bees, white flowers, and the color hexagon – a reassessment? No, not yet. Naturwissenschaften 86:595-597.

Chittka L, Spaethe J, Schmidt A et al (2001) Adaption, constraint, and chance in the evolution of flower color and pollinator color vision. In: Chittka L, Thomson JD (Hrsg.) Cognitive Ecology of Pollination. Cambridge University Press, Cambridge, S.106-126.

Chittka L, Kevan PG (2005) Advertisement in flowers - Flower colours as advertisement. In: Dafni A, Kevan PG, Husband BC (Hrsg.) Practical pollination biology. Enviroquest Ltd. Cambridge, Ontario, S. 147-230.

Chittka L, Raine NE (2006) Recognition of flowers by pollinators. Curr Opin Plant Biol 9:428-435.

Dacke M, Srinivasan MV (2007) Honeybee navigation: distance estimation in the third dimension. J Exp Biol 210:845-853.

Dahm M (2005) Grundlagen der Mensch-Computer-Interaktion. Pearson Studium, München.

Daumer K (1956) Reizmetrische Untersuchung des Farbensehens der Bienen. J Comp Physiol A 38:413-478.

Daumer K (1958) Blumenfarben, wie sie Bienen sehen. Z Vergl Physiol 41:49-110.

de Bruijn LLM, Sommeijer MJ (1997) Colony foraging in different species of stingless bees (Apidae, Meliponinae) and the regulation of individual nectar foraging. Insectes soc 44:35-47.

Din 5031-7: 1984-01 (1984): Strahlungsphysik im optischen Bereich und Lichttechnik; Benennung der Wellenlängenbereiche. Beuth-Verlag GmbH, Berlin.

Din 5033-1: 2009-05 (2005): Farbmessung – Teil 1: Grundbegriffe der Farbmetrik. Beuth, Berlin.

Dyer AG (1998) The colour of flowers in spectrally variable illumination and insect pollinator vision. J Comp Physiol A 183:203-212.

Dyer AG, Chittka L (2004a) Bumblebee search time without ultraviolet light. J Exp Biol 207:1683-1688.

Dyer AG, Chittka L (2004b) Biological significance of distinguishing between similar colours in spectrally variable illumination: bumblebees (Bombus terrestris) as a case study. J Comp Physiol A 190:105-114.

Dyer AG, Neumeyer C (2005) Simultaneous and successive colour discrimination in the honeybee (Apis mellifera). J Comp Physiol A 191:547-557.

Dyer AG, Whitney HM, Arnold SEJ et al (2007) Mutations perturbing petal cell shape and anthocyanin synthesis influence bumblebee perception of *Antirrhinum majus* flower colour. Arthropod Plant Interact 1:45-55.

Dyer AG, Spaethe J, Prack S (2008) Comparative psychophysics of bumblebee and honeybee colour discrimination and object detection. J Comp Physiol A 194:617-627.

Dyer AG, Paulk Ac, Reser DH (2011) Colour processing in complex environments: insights from the visual system of bees. Proc R Soc B 278:952-959.

Dyer AG, Boyd-Gerny S, McLoughlin S et al (2012) Parallel evolution of angiosperm colour signals: common evolutionary pressures linked to hymenopteran vision. Proc R Soc B 279:3606-3615.

Dyer AG, Dorin Am, Reinhardt V et al (2014) Bee reverse-learning behavior and intracolony differences: Simulations based on behavioral experiments reveal benefits of diversity. Ecol Model 277:119-131.

Eckles MA, Roubik DW, Nieh JC (2012) A stingless bee can use visual odometry to estimate both height and distance. J Exp Biol 215:31455-3160.

efg's Computer Lab and Reference Library (2005) Maxwell Triangle Colortool. http://www.efg2.com/Lab/Graphics/Colors/MaxwellTriangle.htm (letzter Zugriff: 22.04.2014).

Endler JA (1990) On the measurement and classification of colour in studies of animal colour patterns. Biol J Linnean Soc 41:315-352.

Fairchild MD (2005) Color Appearance Models. John Wiley, Sons Ltd, Chichester, West Sussex.

Farbimpulse (10.2004) Das CIE-Farbsystem: Ein mathematisches Modell macht Farbmessung objektiv. Farbimpulse – Das Onlinemagazin für Farbe in Wissenschaft und Praxis. Brillux Gmbh, Co. KG, Münster.

Farbimpulse (01.2005) RGB und CMYK: Farbsysteme für Computer und die Welt des Drucks. Farbimpulse – Das Onlinemagazin für Farbe in Wissenschaft und Praxis. Brillux Gmbh, Co. KG, Münster.

Farbimpulse (08.2007) Das Farbsystem des Aron Sigfrid Forsius. Farbimpulse – Das Onlinemagazin für Farbe in Wissenschaft und Praxis. Brillux Gmbh, Co. KG, Münster.

Fidalgo AO, Kleinert AMP (2007) Foraging behavior of *Melipona rufiventris* Lepeletier (Apinae; Meliponini) in Ubatuba, SP, Brazil. Braz J Biol 67:133-140.

Fidalgo AO, Kleinert AMP (2010) Floral preferences and climate influence in nectar and pollen foraging by *Melipona rufiventris* Lepeletier (Hymenoptera: Meliponini) in Ubatuba, São Paulo State, Brazil. Neotrop Entomol 39:879-884.

Forrest J, Thomson JD (2009) Background complexity affects colour preference in bumblebees. Naturwissenschaften 96:921-925.

Galen C (2000) High and dry: drought stress, sex-allocation trade-offs, and selection in flower size in the alpine wildflower *Polemonium viscosum* (Polemoniaceae). Am Nat 156:72-83.

Gegenfurtner KR (2012) Farbwahrnehmung und ihre Störungen. In: Karnath H-O, Thier P (Hrsg.) Kognitive Neurowissenschaften. Springer, Berlin, Heidelberg, S. 45-52.

Giger AD, Srinivasan MV (1996) Pattern recognition in honeybees: chromatic properties of orientation analysis. J Comp Physiol A 178:763-769.

Giger AD, Srinivasan MV (1997) Honeybee vision: analysis of orientation and colour in the lateral, dorsal and ventral fields of view. J Exp Biol 200:1271-1280.

Giurfa M, Núnez JA (1992) Honeyvees mark with scent and reject recently visited flowers. Oecologia 89:113-117.

Giurfa M, Núnez JA, Chittka L et al (1995) Colour preferences of flower-naïve honeybees. J Comp Physiol A 177:247-259.

Giurfa M, Vorobyev M, Kevan P et al (1996) Detection of coloured stimuli of honeybee: minimum visual angles and receptor specific contrasts. J Comp Physiol A 178:699-709.

Giurfa M, Vorobyev M, Brandt R (1997) Discrimination of coloured stimuli by honeybees: alternative use of achromatic and chromatic signals. J Comp Physiol A 180:235-243.

Giurfa M, Zaccardi G, Vorobyev M (1999a) How bees detect coloured targets using different regions of their compound eyes. J Comp Physiol A 185:591-600.

Giurfa M, Hammer M, Stach S et al (1999b) Pattern learning by honeybees: condition procedure and recognition strategy. Anim Beh 57:315-324.

Giurfa M, Lehrer M (2001) Honeybee vision and floral displays: from detection to close-up recognition. In: Chittka L, Thomson JD (Hrsg.). Cognitive Ecology of Pollination. Cambridge University Press, Cambridge, S.61-82.

Giurfa M (2004) Conditioning procedure and color discrimination in the honeybee *Apis mellifera*. Naturwissenschaften 91:228-231.

Gumbert A (2000) Color choices by bumble bees (*Bombus terrestris*): innate preferences and generalization after learning. Behav Ecol Sociobiol 48:36-43.

Hagendorf H (2011) Wahrnehmung. In: Hagendorf H, Krummenacher J, Müller H-J et al (Hrsg.) Wahrnehmung und Aufmerksamkeit – Allgemeine Psychologie für Bachelor. Springer, Berlin, Heidelberg.

Hampel-Vogedes B (2004) Aspekte der Farbdarstellung in Sichtsystemen. Rheinmetall Defence Electronics GmbH, Bremen.

Heard TA (1994) Behaviour and pollinator efficiency of stingless bees and honey bees on macadamia flowers. J Api Res 33:191-198.

Hempel de Ibarra N, Vorobyev M, Brandt R et al (2000) Detection of bright and dim colours by honeybees. J Exp Biol 203:3289-3298.

Hertel H, Maronde U (1987) The physiology and morphology of centrally projecting visual interneurons in the honeybee brain. J Exp Biol 133:301-315.

Hertz M (1937) Beitrag zum Farbensinn und Formensinn der Biene. Z Vergl Physiol 24:413-421.

Hill PSM, Wells PH, Wells H (1997) Spontaneous flower constancy and learning in honey bees as a function of colour. Anim Behav 54: 15-627.

Hörmann M (1935) Über den Helligkeitssinn der Bienen. Z Vergl Physiol 21:188-219.

Hohmann A (2007) Grundlagen der Farbwahrnehmung. DOZ Optometrie 3: 48-51.

Horridge A (2005) What the honeybee sees: a review of recognition system of *Apis mellifera*. Physiol Entomol 30:2-13.

Horridge A (2007) The preferences of the honeybee (*Apis mellifera*) for different visual cues during the learning process. J Insect Physiol 53:877-889.

Horridge A (2009) What does an insect see? J Exp Biol 212:2721-2729.

Hrncir M, Jarau S, Zucchi R et al (2000) Recruitment behaviour in stingless bees, *Melipona scutellaris* and *M. quadrifasciata*. II. Possible mechanisms of communication. Apidologie 31:93-113.

Hrncir M, Jarau S, Zucchi R et al (2003) A stingless bee (*Melipona seminigra*) use optic flow to estimate flight distance. J Comp Physiol A 189:761-768.

Hrncir M, Jarau S, Zucchi R et al (2004) On the origin and properties of scent marks deposited at the food scource by a stingless bee, *Melipona seminigra*. Apidologie 35:3-13.

Hudon T, Plowright C (2011) Trapped: Assessing attractiveness of potential food scources to bumblebees. J Insect Behav 24:44-158.

Ings TC, Raine NE, Chittka L (2009) A population comparison of the strength and persistence of innate colour preference and learning speed in the bumblebee *Bombus terrestris*. Behav Ecol Sociobiol 63:1207-1218.

Inoue T, Salmah S, Abbas I et al (1985) Foraging behavior of individual workers and foraging dynamics of colonies of three sumatran stingless bees. Res Popul Ecol 27:373-392.

Jarau S, Hrncir M, Zucchi R et al (2000) Recruitment behaviour in stingless bees, *Melipona scutellaris* and *M. quadrifasciata*.I. Foraging at food sources differing in direction and distance. Apidologie 31:81-91.

Johnson LK, Hubbell SP (1974) Aggression and competition among stingless bees: Field studies. Ecology 55:120–127.

Johnson LK (1983) Foraging strategies and the structure of stingless bee communities in Costa Rica. In: Jaisson P (Hrsg.) Social Insects in the Tropics 2. Université Paris-Nord, Paris, S. 31–58.

Kearns CA, Inouye DW, Waser NM (1998) Endangered mutualisms: The conservation of plant-pollinator interactions. Annu Rev Ecol Syst 29:83-112.

Kelber A, Vorobyev M, Osorio D (2003) Animal colour vision – behavioural tests and physiological concepts. Biol Rev 78:81-118.

Kevan P, Giurfa M, Chittka L (1996) Why are there so many and so few white flowers? Trends Plant Sci 1:252.

Keyser AJ, Hill GE (2000) Structurally based plumage coloration is an honest signal of quality in male grosbeaks. Behav Ecol 11:202-209.

Kien J, Menzel R (1977A) Chromatic properties of interneurons in the optic lobes of the bee. I. Broad band neurons. J Comp Physiol 113:17-34.

Kien J, Menzel R (1977B) Chromatic properties of interneurons in the optic lobes of the bee. II. Narrow band and colour opponent neurons. J Comp Physiol 113:35-53.

Kuchling H (2007) Taschenlehrbuch der Physik. Carl Hanser, München.

Kühn A, Pohl R (1921) Dressurfähigkeit der Bienen auf Spektrallinien. Naturwissenschaften 37:738-740.

Kühn A (1927) Über den Farbensinn der Bienen. Z Vergl Physiol 5:762-800.

Landry C (2012) Mighty Mutualisms: The Nature of Plant-pollinator Interactions. Nature Education Knowledge 3:37.

Lang H (2004) Farbmetrik. in: Niedrig H (Hrsg.) Bergmann Schaefer Lehrbuch der Experimentalphysik – Band 3 Optik Wellen- und Teilchenoptik. Walter de Gruyter & Co., Berlin, S. 669-758.

Laughlin SB (1981) Neural principles in the peripheral visual system of invertebrates. In: Autrum HJ (Hrsg.) Invertebrate visual centers and behaviour (Handbook of sensory physiology, vol.VII/6b). Springer, Berlin Heidelberg New York, S. 133-280.

Lehrer M (1998) Looking all around: honeybees use different cues in different eye regions. J Exp Biol 201:3275-3292.

Lehrer M (1999) Dorsoventral asymmetry of colour discrimination in bees. J Comp Physiol A 184: 195-206.

Lichtenberg EM, Hrncir M, Nieh JC (2009) A scientific note: foragers deposit attractive scent marks in a stingless bee that does not communicate food location. Apidologie 40:1-2.

Lindauer M, Kerr WE (1958) Die gegenseitige Verständigung bei den stachellosen Bienen. Z Vergl Physiol 41:405-434.

Lotmar R (1933) Neue Untersuchungen über den Farbensinn der Bienen, mit besonderer Berücksichtigung des Ultravioletts. J Comp Physiol A 19:673-723.

Lübbe E (2011) Sättigung im CIELAB-Farbsystem und LSh-Farbsystem. Books on Demand GmbH, Norderstedt.

Lübbe E (2013) Farbempfindung, Farbbeschreibung und Farbmessung – Eine Formel für die Farbsättigung. Springer Vieweg + Teubner, Wiesbaden.

Lunau K (1990) Colour saturation triggers innate reactions to flower signals: Flower dummy experiments with bumblebees. J Comp Physiol A 166:827-834.

Lunau K (1992) A new interpretation of flower guide colouration: absorption of ultraviolet light enhances colour saturation. Plant Syst Evol 183:51-65.

Lunau K, Maier EJ (1995) Innate colour preferences of flower visitors. J Comp Physiol A 177:1-19.

Lunau K, Wacht S, Chittka L (1996) Colour choices of naive bumble bees and their implications for colour perception. J Comp Physiol A 178:477-489.

Lunau K, Fieselmann G, Heuschen B et al (2006) Visual targeting of components of floral colour patterns in flower-naïve bumblebees (*Bombus terrestris*; Apidae). Naturwissenschaften 93:325-328.

Lunau K, Papiorek S, Eltz T et al (2011) Avoidance of achromatic colours by bees provides a private niche for hummingbirds. J Exp Biol 214:1607-1612.

Menzel R (1967) Untersuchungen zum Erlernen von Spektralfarben durch Honigbiene (*Apis mellifica*). Z Vergl Physiol 56:22-62.

Menzel R (1977) Farbensehen bei Insekten – ein rezeptorphysiologischer und neurophysiologischer Problemkreis. Verh Dtsch Zool Ges 26-40.

Menzel R, Blakers M (1976) Colour receptors in the bee eye – morphology and spectral sensitivity. J Comp Physiol A 108:11-33.

Menzel R, Ventura DF, Werner A et al (1989) Spectral sensitivity of single photoreceptors and color vision in the stingless bee, *Melipona quadrifasciata*. J Comp Physiol A 166:151-164.

Menzel R, Backhaus W (1991) Color vision in insects. In: Gouras P (Hrsg.) Vision and visual dysfunction the perception of color. Macmillan, London, S. 262–288.

Melo GAR, Institut für Entomologie, UFPR Curitiba, Brasilien. Mündliche Mitteilung (April 2013).

Mitchell RJ, Irwin RE, Flanagan RJ (2009) Ecology and evolution of plant-pollinator interactions. Ann Bot 103:1355-1363.

Morawetz L, Spaethe J (2012) Visual attention in a complex search task differs between honeybees and bumblebees. J Exp Biol 215:2515-2523.

Morawetz L, Svoboda A, Spaethe J et al (2013) Blue colour preference in honeybees distracts visual attention for learning closed shapes. J Comp Physiol A.199:817-827.

Mota T, Yamagata N, Giurfa M et al (2011) Neural organization and visual processing in the anterior optic tubercle of the honeybee brain. J Neurosci 31:11443-11456.

Moyes CD, Schulte PM (2008) Tierphysiologie. Pearson Studium, München.

Munk M (2011) Nervensysteme: Entwicklung, Organisationsebenen und Subsysteme – Sinnesorgane und -systeme. In: Munk K (Hrsg.) Taschenlehrbuch Biologie – Zoologie. Georg Thieme V, Stuttgart.

Nieh JC (1998) The role of a scent beacon in the communication of food location by the stingless bee, *Melipona panamica*. Behav Ecol Sociobiol 43:47-58.

Nieh JC (2004) Recruitment communication in stingless bees (Hymenoptera, Apidae, Meliponini). Apidologie 35:159-182.

Nieh JC, Barreto LS, Contrera FAL et al (2004) Olfactory eavesdropping by a competitively foraging stingless bee, *Trigona spinipes*. Proc R Soc Lond B 271:1633-1640.

Nunes TM, Turatti ICC, Mateus S et al (2009) Cuticular hydrocarbons in the stingless bee *Schwarziana quadripunctata* (Hymenoptera, Apidae, Meliponini): differences between colonies, castes and age. Genet Mol Res 8:589-595.

Official Site of Munsell Color (2013) About Munsell. http://munsell.com/about-munsell-color/ (letzter Zugriff: 22.04.2014).

Papiorek S, Rohde K, Lunau K (2013) Bees` subtle colour preferences: how bees respond to small changes in pigment concentration. Naturwissenschaften 100:633-643.

Paulk AC, Phillips-Portillo J, Dacks AM et al (2008) The processing of color, motion, and stimulus timing are anatomically segregated in the bumblebee brain. J Neurosci 28:6319-6332.

Paulk AC, Dacks AM, Gronenberg W (2009a) Color processing in the medulla of the bumblebee (Apidae: *Bombus terrestris*). J Comp Neurol 515:441-456.

Paulk AC, Dacks AM, Phillips-Portillo J et al (2009b) Visual processing in the central brain. J Neurosci 29:9987-9999.

Peitsch D, Fietz A, Hertel H et al (1992) The spectral input systems of hymenopteran insects and their receptor-based colour vision. J Comp Physiol A 170:23-40.

Pereboom JJM, Biesmeijer JC (2003) Thermal constraints for stingless bee foragers: the importance of body size and coloration. Oecologia 137:42-50.

Pérez-Rodríguez L, Viñuela J (2008) Carotenoid-based bill and eye ring coloration as honest signals of condition: an experimental test in the red-legged partridge (*Alectoris rufa*). Naturwissenschaften 95:821-830.

Potts SG, Biesmeijer JC, Kremen C et al (2010) Global pollinator declines: trends, impacts and drivers. Trends Ecol Evol 25:345-353.

Raguso RA (2008) Wake up and smell the roses: The ecology and evolution of floral scent. Annu Rev Ecol Evol Syst 39:549-569.

Reser DH, Wijesekara Witharanage R, Rosa MGP et al (2012) Honeybees (*Apis mellifera*) learn color discriminations via differential conditioning independent of long wavelength (green) photoreceptor modulation. PLoS ONE 7:e48577.

Rohde K, Papiorek S, Lunau K (2013) Bumblebees (*Bombus terrestris*) and honeybees (*Apis mellifera*) prefer similar colours of higher spectral purity over trained colours. J Comp Physiol A 199:197-210.

Roubik DW (1989) Ecology and natural history of tropical bees. Cambridge University Press, New York.

Ribi WA (1975) The first optic ganglion of the bee I. Correlation between visual cell types and their terminals in the lamina and the medulla. Cell Tissue Res 165:103-111.

Ribi WA (1979) The first optic ganglion of the bee III. Regional comparison of the morphology of photoreceptor-cell axons. Cell Tissue Res 200:345-357.

Richter M (1981) Einführung in die Farbmetrik. Walter de Gruyter & Co., Berlin.

Rohde K, Papiorek S, Lunau K (2013) Bumblebees (*Bombus terrestris*) and honeybees (*Apis mellifera*) prefer similar colours of higher spectral purity over trained colours. J Comp Physiol A 199:197-210.

Rus J (2007) The Munsell color system. http://commons.wikimedia.org/wiki/File:Munsell-system.svg (letzter Zugriff: 22.04.2014).

Saks L, Ots I, Hõrak P (2003) Carotenoid-based plumage coloration of male greenfinches reflects health and immunocompetence. Oecologia 134:301-307.

Sánchez D, Nieh JC, Vandame R (2011) Visual and chemical cues provide redundant information in the multimodal recruitment system of the stingless bee *Scaptotrigona mexicana* (Apidae, Meliponini). Insectes Soc 58:575-579.

Sánchez D, Vandame R (2012) Color and shape discrimination in the stingless bee *Scaptotrigona mexicana* Guérin (Hymenoptera, Apidae). Neotrop Entomol 41:171-177.

Schaefer HM, Schmidt V (2004) Detectability and content as opposing signal characteristics in fruits. Proc R Soc Lond B 271:S370-S373.

Schaefer HM, McGraw K, Catoni C (2008a) Birds use fruit colour as honest signal of dietary antioxidant rewards. Funct Ecol 22:303-310.

Schaefer HM, Spitzer K, Bairlein F (2008b) Long-term effects of previous experience determine nutrient discrimination abilities in birds. Front Zool 5:4.

Scharstein H, Stommel G (2010) Photorezeption. In: Dettner K, Peters W (Hrsg.) Lehrbuch der Entomologie Teil 1. Spektrum Akademischer Verlag, München, S. 320-344.

Schmidt VM, Zucchi R, Barth FG (2003) A stingless bee marks the feeding site in addition to the scent path (*Scaptotrigona* aff. *depilis*). Apidologie 34:237-248.

Serres JR, Masson GP, Ruffier F et al (2008) A bee in the corridor: centering and wallfollowing. Naturwissenschaften 95:1181-1187.

Skorupski P, Döring TF, Chittka L (2007) Photoreceptor spectral sensitivity in island and mainland populations of the bumblebee, *Bombus terrestris*. J Comp Physiol A 193:485-494.

Skorupski P, Chittka L (2010) Differences in photoreceptor processing speed for chromatic and achromatic vision in the bumblebee, *Bombus terrestris*. J Neurosci 30:3896-3903.

Skrziprk K-H, Skrzipek H (1971) Die Morphologie der Bienenretina (*Apis mellifica* L.♀) in elektronenmikroskopischer und lichtmirkoskopischer Sicht. Z Zellforsch 119:552-576.

Slaa EJ, Sanchez LA, Sandi M et al (2000) A scientific note on the use of stingless bees for commercial pollination in enclosures. Apidologie 31:141-142.

Spaethe J, Tautz J, Chittka L (2001) Visual constraints in foraging bumblebees: flower size and color affect search time and flight behavior. Proc Nat Acad Sci 98:3898-3903.

Spaethe J, Streinzer M, Eckert J et al (2014) Behavioural evidence of colour vision in free flying stingless bees. J Comp Physiol A.

Srinivasan MV, Lehrer M (1984) Temporal acuity of honeybee vision-behavioural studies using moving stimuli. J Comp Physiol A 155:297-312.

Srinivasan MV, Lehrer M (1985) Temporal resolution of colour vision in the honeybee. J Com Physiol A 157:579-586.

Srinivasan MV, Zhang SW, Lehrer M et al (1996) Honeybee navigation *en route* to the goal: visual flight control and odometry. J Exp Biol 199:237-244.

Srinivasan Mv, Zhang SW, Altwein M et al (2000) Honeybee navigation: natures and calibration of the „odometer". Science 287:851-853.

Stockman A, Sharpe LT (2000) The spectral sensitivities of the middle- and longwavelength-sensitive cones derived from measurements in observers of known genotype. Vision Res 40:1711-1737.

Valido A, Schaeffer HM, Jordano P (2011) Colour, design and reward: phenotypic integration of fleshy fruit displays. J Evol Biol 24:751-760.

Velando A, Beamonte-Barrientos R, Torres R (2006) Pigment-based skin colour in the blue-footed booby: an honest signal of current condition used by females to adjust reproductive investment. Oecologia 149:535-542.

von Campenhausen C (1981) Die Sinne des Menschen – Einführung in die Psychophysik der Wahrnehmung. Georg Thieme, Stuttgart.

von Frisch K (1914) Der Farbensinn und Formensinn der Biene. Zool Jb Physiol Tiere 35:1-82.

von Frisch K (1967) The dance language and orientation of bees. Harvard University Press, Cambridge, Massachusetts.

Vorobyev M, Brandt R (1997) How do insect pollinators discriminate colors? Israel J Plant Sci 45:103-113.

Vorobyev M, Osorio D (1998) Receptor noise as a determinant of colour thresholds. Proc R Soc Lond B 265:351-358.

Vorobyev M, Osorio D, Bennett ATD et al (1998) Tetrachromacy, oil droplets and bird plumage colours. J Comp Physiol A 183:621-633.

Vorobyev M, Hempel de Ibarra H, Brandt R et al (1999) Doe "White" and "Green" look the same to a bee?. Naturwissenschaften 86:592-594.

Vorobyev M, Brandt R, Peitsch D et al (2001) Colour thresholds and receptor noise: behaviour and physiology compared. Vision Res 41:639-653.

Wakakuwa M, Kurasawa M, Giurfa M et al (2005) Spectral heterogeneity of honeybee ommatidia. Naturwissenschaften.

Welsch N, Liebmann CC (2012) Farben Natur Technik Kunst. Spektrum, Heidelberg.

Wilms J, Eltz T (2008) Foraging scent marks of bumblebees: footprint cues rather than pheromone signals. Naturwissenschaften 95:149-153.

Witjes S, Eltz T (2007) Influence of scent deposits on flower choice: experiments in an artificial flower array with bumblebees. Apidologie 38:12-18.

X-Rite (2014) So funktioniert die Munsell Farbnotation.
http://www.xrite.com/product_overview.aspx?ID=1062 (letzter Zugriff: 22.04.2014).

Yang EC, Lin H-C, Hung YS (2004) Patterns of chromatic information processing in
the lobula of the honeybee, *Apis mellifera* L.. J Insect Physiol 50:913-925.

Printed in the United States
By Bookmasters